# MEMOIRE

## SUR LES

# TREMBLEMENS

## DE TERRE

# DE LA CALABRE

*Pendant l'année 1783.*

## PAR LE COMMANDEUR

# DEODAT DE DOLOMIEU.

## A ROME

### CHEZ ANTOINE FULGONI

### MDCCLXXXIV.

*Avec permission du Superieur.*

# EPITRE DEDICATOIRE

## A MONSIEUR LE COMMANDEUR

## DE LASTERIE DU SAILLANT.

J'Aurois pu décorer cette epitre du nom de quelque grand de la terre, y faire l'étalage de ſes titres faſtueux, de

A 2

ſes

ſes vertus imaginaires ; mais j' y préfé-
re le nom de mon ami , d' un ami de
vingt ans . Ce titre ſeul renferme
l' éloge de toutes ſes qualités ; qu' il re-
çoive donc ici un témoignage public
de mon attachement pour lui.

LE CH' DEODAT DE DOLOMIEU.

# AVANT PROPOS.

LA contrarieté des vents m'ayant retenu sur les Coftes de la Calabre ulterieure, pendant tous les mois de Fevrier & de Mars 1784, & m'ayant fait toucher fucceffivement a prefque toutes les Villes de la Cofte de l'Oueft, j'ai pu faire des incurfions dans l'intérieur de cette malheureufe province ; j'ai eu le tems de parcourir toutes fes ruines & de connoitre l'étendue des fe malheurs. Mon gout pour la lithologie m'a porté a étudier la nature de fon fol, & la compofition de fes Montagnes, & je donne ici le réfultat de mes obferva-tions. Je n'ai recueilli que les faits principaux, ceux qu'attefteront longtems les circonftances locales & qui pourront encore, dans cent ans, intéreffer les phyficiens & le naturalifte. Les autres détails n'entrent pas dans mon plan. Je ne donnerai, ni le journal circonftancié des tremblemens de terre, ni l'état de la population & des pertes de chaque lieu en particulier. Je n'aurois eu qu'a copier les autres relations & mon intention n'eft pas de faire un gros livre, ni de répéter ce que les autres ont dit. Je m'attache feulement a ce qui a été un peu negligé ; c'eft a dire, a faire connoitre la nature du fol & a en déduire les principaux phénoménes qui ont accompagné les fecouffes. Mon objet eft encore de deftruire cette idée de merveilleux qu'ont pu autorifer les

A 3

pre=

premières relations, en parlant des Montagnes qui se
font entrechoquées, des champs transportés ensiers a une
tres grande distance, ou jettés d'un coté de vallon a
l'autre &c. tous faits a peu près vrais, qui doivent pa-
roître tres extraordinaires, denués de leurs circonstances
locales, mais qui découlent naturellement de la connoissance du sol. J'hazarde un mot de theorie qui me paroit
vraisemblable, mais a la quelle je n'attache pas la
même importance qu'a la connoissance exacte des faits
d'ou je l'a fait dériver. Je ne parle presque point de
Messine & de la Sicille. M. l'Allemand Consul de
France a dit dans sa relation tout ce qu'il y avoit de
plus important a observer dans la destruction de cette
Ville, dont le sort, tout affreux qu'il est, n'est pas
comparable a celui des Villes de la plaine de Calabre.

Ou trouvera une infinité de détails, que j'ai negligé, dans plusieurs relations imprimées a Naples, surtout
dans celle du docteur Vivenzio. Mais les faits, vrai-
ment importants pour le physicien, y sont en petit
nombre, & cet ouvrage, ainsi que plusieurs autres sur
le même sujet, paroit plutôt écrit en faveur du sistê-
me qui attribue les tremblemens de terre a l'électricité,
que pour faire connoitre les phénomènes qui ont accompagné la destruction de la Calabre.

La relation de M. le ch. Hamilton est l'apperçu
d'un bon observateur, qui n'a eu qu'un instant a donner
a son Voyage en Calabre.

Si les Commissaires, que l'Accademie de Naples a
envo-

envoyé en Calabre, avoient rendu public leur travail, j'aurois suprimé ce memoire, par ce que je n'aurois eu surement rien a ajouter aux observations, qu'ils ont du y faire.

J'ai mis en notes quelques particularités, qui ne sont pas essentielles a l'objet du memoire; mais qui cependant peuvent aider a l'intelligence du texte; elles contiennent aussi quelques faits, qui peuvent interesser sous un autre point de vue.

J'ai été accompagné dans mon voyage par le ch. de godechart, jeune homme plein de zele, d'ardeur, & de sensibilité. Il m'a été d'un grand secours dans mes recherches, dont il a partagé les fatigues avec beaucoup de patience & de courage.

## *IMPRIMATUR,*

Si videbitur R̃mo Patri Magiftro Sacri Palatii Apoftolici .

*F.A. Marcucci Patriarcha Conftantinop. Vicefg.*

---

J'ai lû par ordre du R̃ne Pere Màitre du Sacré Palais , un memoire *Sur les tremblements de terre de la Calabre* , compofé par M. le Commandeur *Deodat de Dolomieu* . Les obfervations locales font décrites par l'illuftre & favant auteur , avec tant d'exactitude & de précifion , qu'elles pourroient fervir de modéle aux écrivains fur ces fortes de matieres . Ses reflexions, fur la caufe des derniers tremblements , font tout a fait nouvelles ; & elles font connôitre combien il eft difficile de former des raifonements plaufibles fur des effets auffi compliqués , fans en avoir été , tel que l'auteur , un temoin courageux & philofophe . Les recherches qu'on lit dans ce beau memoire ne contiennent rien qui puiffe offenfer la faine Theologie , & elles font regretter aux phyficiens qu'un ouvrage auffi intereffant ne foit pas plus étendu . Il eft très digne de l'attention des Philofophes & de la curiofité du Public . En foi de quoi j'ai figné .
A Rome 6. Septembre 1784.

*Fr. Jacquier Profeffeur de Mathematiques .*

---

## *IMPRIMATUR.*

Fr. Thomas Maria Mamachi Ordinis Prædicatorum , Sacri Palatii Apoftolici Magifter .

# MEMOIRE
## SUR LES TREMBLEMENS
### DE TERRE
## DE LA CALABRE ULTERIEURE

*Pendant l'année 1783.*

*A Tempestate nos vindicant portus ; nimborum vim effusam & sine fine cadentes aquas , tecta propellunt : fugientes non sequitur incendium : adversus tonitrua , & minas Cæli , subterranea domus, & defossi in altum specus remedia sunt . In pestilentia mutare sedes licet . Nullum malum sine effugio est . Hoc malum latissime patet, ineuitabile avidum , publice noxium . Non enim domos solum, aut familias , aut urbes singulas hausit, sed gentes totas , regionesque subvertit .*

Seneq. questi. natur. lib. VI.

————————

DE tous les fléaux destructeurs , les tremblemens de terre sont les plus rédoutables , & les plus faits pour répandre la terreur & la consternation dans tous les lieux ou ils se font ressentir . La nature en convulsion paroit tendre a sa destruction & le monde toucher a sa fin . Semblables a la foudre, qui part & nous écrase, avant que le bruit du tonnere ait pu nous avertir du danger qui ménace nos têtes , les tremblemens de terre ébranlent , renversent , détruisent , sans que rien

puisse

puiſſe nous indiquer leur aproche, & ſans que nous ayons le tems de nous ſouſtraire au peril (1). Les animaux, même les moins intelligens, ont ſur nous l'avantage d'avoir le preſſentiment de ces fatals evénemens ; leur inſtinct, ou leur ſens plus délicats, par des impreſſions dont nous n'avons pas l'idée, les en avertiſſent quelques momens avant, & ils annoncent alors par leurs cris & leur impatience, leurs inquietudes & leur crainte (2). Un pareil avantage ſuffiroit-il toujours a l'homme pour le mettre en ſureté ? Non. la fuite la plus prompte, le batiment le plus ſolide (3), la baraque de bois la plus legére

& la

(1) La ſecouſſe deſtructive du 5. Fevrier, fut ſubite, inſtantanée ; rien ne la préſagea, rien ne l'annonça ; elle ébranla & renverſa dans le même moment, elle ne laiſſa pas le tems de la fuite.

(2) Le preſſentiment des animaux, a l'approche des tremblemens de terre, eſt un phénoméne ſingulier,& qui doit d'autant plus nous ſurprendre,que nous ne ſavons pas,par quel ſens ils le reçoivent. Toutes les eſpeces l'éprouvent, ſurtout les chiens, les oyes & les oiſeaux de baſſecour. Les heurlemens des chiens dans les rues de Meſſine, étoient ſi forts, qu'on ordonna de les tuer. Pendant les éclypſes de ſoleil, les animaux témoignent une inquietude preſque pareille ; au moment de l'éclypſe ſolaire & anullaire de 1764, les animaux domeſtiques parurent agités & jetterent des grands cris pendant une partie du tems qu'elle dura; cependant elle ne diminua pas plus la lumiere du ſoleil, que ne l'auroit fait un nuage noir & épais,qui l'auroit entierement couvert : la difference de la chaleur de l'athmoſphére ne fut preſque pas ſenſible.Quelle impreſſion donc put alors avertir les animaux de la nature du corps qui s'interpoſoit devant le ſoleil? Comment purent-ils deviner,que ce n'étoit pas le même état des choſes,que lorſque le ſoleil eſt ſimplement obſcurci par un nuage, qui intercepte ſa lumiere ?

(3) On peut attribuer une partie des malheurs de Meſſine au peu de ſolidité des bâtimens ; la ruine de cette ville étoit pre-

parée

& la moins élevée, toutes les précautions enfin, que
la prudence humaine peut inventer ne fauroient lui
faire éviter la mort qui le menace . La terre s'ouvre
au milieu de fa courfe & l'engloutit (1); le fol, fur
lequel il a placé fon humble cabane , ou fon palais
faftueux, s'abime, ou eft porté a une grande diftance , en éprouvant un boulverfement total ; une montagne fe détache , & l'accable de fes débris ; les
vallées fe refferrent & l'enfeveliffent . La perte entiere de fes biens, celle de fa famille & de fes amis,
la mort même,ne font pas les plus grands maux,que
pour lors il ait a craindre . Enterré vif fous les ruines qui fe font amoncelées fur fa tête , fans écrafer
la voute fous la quelle il a cherché un azyle , il eft
condamné a mourir de faim & de rage (2), en mau-
diffant

parée depuis longtèms,par des tremblemens de terre,qui plufieurs
fois depuis 1693. avoient ébranlé & lézardé toutes les maifons,
& par le defaut de population & de moyens, qui avoient empê-
ché de les reparer . Un couvent folidement & nouvellement bâti au milieu de la Ville n'a nullement fouffert . Mais en Calabre , rien ne put réfifter a la violence des fecouffes . Le beau
couvent des Benedictins de Soriano, bâti avec autant de magni-
ficence que de folidité apres les tremblemens de terre de 1659 ,
a été prefque rafé . Cependant pour lui éviter un fort pareil a
celui qu'il avoit éprouvé a cette époque , également fatale pour
la Calabre,& ou il fut déja renverfé;on donna beaucoup d'épaiffeur & de bafe aux murs , qui furent conftruits avec d'exellens
materiaux .

(1) Plufieurs païfans de la plaine de Calabre , fuyants a travers les campagnes , fe précipiterent dans les fentes, qui fe formoient pour lors dant le fol , & difparurent .

(2) Un quart des victimes du tremblement de terre du 5. Fevrier,qui furent enfevelies vives fous les ruines des édifices écrou-
lés , auroient furvecu , fi on avoit pu leur porter de prompts fecours. Mais dans un defaftre auffi général , les bras manquoient ;
cha-

diſſant ſa famille & ſes amis, dont il accuſe l'indif-
férence & la lenteur a venir a ſon ſecours . Il ne
peut croire , qu'ils ayent éprouvé un malheur ſemblable au ſien (1) , il ne ſait pas que ceux qui ſur-
vivent

Chacun etoit occupé de ſes malheurs particuliers, ou de ceux de
ſa famille ; ou ne prenoit aucune part au ſort de la perſonne in-
differente . On vit dans le même tems des exemples de tendreſſe
paternelle & maritale portée juſqu'au devouement, & des traits
de cruauté & d'attrocité qui font frémir . Pendant qu'une mere
échevelée,& couverte de ſang, venoit demander,a ces ruines encore tremblantes,le fils qu'elle portoit en fuyant entre ſes bras,&
qui lui avoit été arraché par la chute d'une piece de charpente ;
pendant qu'un mari affrontoit une mort preſque certaine , pour
retrouver une épouſe cherie; on voyoit des monſtres ſe précipiter au milieu des murs chancellans , braver le danger le plus
éminent , fouler au pied des hommes moitié enſevelis, qui reclamoient leur ſecours, pour aller piller la maiſon du riche,& pour
ſatisfaire une aveugle cupidité . Ils depouilloient encore vivans
des malheureux, qui leur auroient donné les plus fortes recom-
penſes , s'ils leur avoient tendu une main charitable . J'ai logé
a POLISTENA dans la baraque d'un galant homme, qui fut enterré ſous les ruines de ſa maiſon ; ſes jambes en l'air paroiſſoient
au deſſus. Son domeſtique vint lui enlever ſes boucles d'argent,
& ſe ſauva enſuite, ſans vouloir l'aider a ſe dégager . En général
tout le bas peuple de la Calabre a montré une dépravation
incroyable de mœurs , au milieu des horreurs des tremblemens
de terre . La plupart des agriculteurs ſe trouvoient en raſe campagne, lors de la ſecouſſe du 5. Fevrier; ils accourrurent auſſitot
dans les Villes encore fumantes de la pouſſiere , qu'avoit occaſioné leur chute : ils y vinrent; non pour y porter des ſecours,
aucun ſentiment d'humanité ne ſe fit entendre chez eux dans
ces affreuſes circonſtances, mais pour y piller .

(1) J'ai parlé a un tres grand nombre de perſonnes,qui ont
été retirées des ruines , dans les differentes Villes qui j'ai viſité ;
elles m'ont toutes dit,qu'elles croyoient, que leurs maiſons ſeu-
les avoient été renverſées , qu'elles ne pouvoient penſer, que la
deſtruction fut auſſi générale,& qu'elles ne concevoient pas comment on tardoit autant a venir leur porter des ſecours . Une
femme

vivent a cette cataſtrophe preſque générale , tentent en vain de le rétirer du milieu des débris entaiſés ſur ſa tête ; ſa voix , ſes cris arrivent juſqu'a eux ; l'immenſité des ruines reſiſte a leurs efforts , & les empêche de pénétrer juſqu'a lui (1) . ils ne peuvent lui

femme,dans le bourg de *cinque frondi*,fut retrouvée vive le ſeptieme jour.Deux enfans qu'elle avoit aupres d'elle y etoient morts de faim & etoient déja en putréfaction . L'un d'eux appuyé ſur la cuiſſe de ſa mere y avoient occaſioné un putréfaction ſemblable . Beaucoup d'autres perſonnes ſont reſtées 3 , 4 & 5 jours enſevelies ; je les ai vu , je leur ai parlé & je leur ai fait exprimer ce qu'elles penſoient dans ces affreux momens . De tous les maux phyſiques , celui dont elles ſouffroient le plus , étoit la ſoif . Le premier beſoin, que témoignerent auſſi les animaux retirés du milieu des ruines , apres un jeune qui eſt allé , quelquefois, juſqu'a plus de 50 jours , fut de boire ; ils ne pouvoient s'en raſſaſier . Pluſieurs perſonnes, enterrées vives, ſupporterent leur malheur avec une fermeté , dont il n'y a pas d'exemple . Je ne crois même pas , que la nature humaine en ſoit capable, ſans un engourdiſſement preſque total . dans les facultés intellectuelles . Une femme d'*opido* , agée de 19 ans , & jolie, etoit pour lors au terme de ſa groſſeſſe, elle reſta plus de trente heures ſous les ruines , elle en fut retirée par ſon mari , & accoucha peu d'heures apres,auſſi heureuſement que ſi elle n'eut éprouvé aucun malheur . Je fus accueilli dans ſa baraque, & parmi beaucoup de queſtions, je lui demandai ce qu'elle penſoit pour lors … J'ATTENDOIS , me repondit-elle .

(1) Il eſt arrivé dans pluſieurs Villes,que des parens & des ſerviteurs fideles, allant chercher,au milieu des ruines,les perſonnes qui leur étoient cheres , entendoient leurs cris , reconnoiſſoient leurs voix, étoient certains du lieu ou ils étoient enſevelis, & ſe voyoient dans l'impuiſſance de les ſecourir . Les débris entaſſés réſiſtoient a leurs foibles mains , & s'oppoſoient aux efforts de leur zéle, & de leur tendreſſe . C'eſt en vain qu'ils reclamoient des ſecours étrangers ; leurs cris , leurs ſanglots n'interreſſoient perſonne . Couchés ſur les ruines , on les a vu reduits a invoquer la mort, pour délivrer leurs parens des horreurs de leur ſituation, & l'appeller pour eux même, comme l'unique conſolation

lui porter la moindre confolation , & il conferve_,
jufqu'au dernier foupir, l'idée atroce & defefperan-
te, de n'avoir jamais connu & aimé fur la terre , que
des monftres & des ingrats . Mais fi le feu joint fes
ravages a ceux de la terre ébranlée, a quel nouveau
genre de fuplice n'eft-il pas condamné ? L'incendie
gagne lentement les charpentes & les bois des édifices écroulés ; le feu s'approche , & ce feroit en vain
qu'il tenteroit de l'éviter ; il en eft atteint , il éprouve la mort lente & cruelle refervée aux facrileges
& aux régicides (1), & il maudit avec raifon une_,
deftinée , qui confond l'inocent & le fcelerat .

Tel

tion dans leur douleur . Cet adouciffement dans leurs malheurs
leur étoit même refufé, puifque les cris fouterrains fe font quelquefois fait entendre , pendant plufieurs jours de fuite .

Des familles entieres fe font trouvées enfevelies, fans qu'un
feul individu ait échapé; alors, on paffoit fur les tombeaux qui les
renfermoient vivans; on réconnoiffoit leur voix,& leur fort n'ar-
rachoit pas une larme . A TERRA NOVA , 4 auguftins réfugiés fous
une voute de facriftie, qui avoit réfifté au poids immenfe des débris, qui s'étoient entaffés au deffus , firent pendant quatre jours
retentir ces ruines de leurs cris ; mais de tout le couvent , un
feul s'etoit fauvé ; que pouvoit-il contre l'immenfité des materiaux , qui enfeveliffoient fes confreres ? Leur voix s'éteignit
peu a peu , & plufieurs jours apres , ces quatre corps furent
trouvés , fe tenant embraffés .

Plus de la moitié de ceux , qui furent écrafés fous la Ville
de TERRA NOVA font demeurés au milieu des ruines , & lorfque
je les ai parcouru le 20 Fevrier 1784, il s'en exhaloit une odeur
infecte & infoutenable .

(1) Lorfque la Ville d'*Opido* fut rafée par les fecouffes,& les
foubrefauts les plus violents , le feu gagna fucceffivement les
charpentes des maifons renverfées , & s'établit fur une partie de
la Ville ; il ne fut donc pas poffible d'y porter aucun fecours, &
prefque tous ceux, qui auroient echapé aux ruines, furent les victimes des flames . Vingt religieufes de fainte Claire furent trouvées calcinées fous les débris de leur couvent .

Tel cependant a été le fort d'une partie des victimes des tremblemens de 1783. Qui peut donc fans fremir, penfer aux defaftres de la Calabre? Qui peut d'un oeil fec parcourir un des plus beaux pays de la nature, fur lequel les tremblemens de terre ont deployé leur rage avec une fureur dont il n'y a pas d'exemples? Qui peut enfin, fans une terreur profonde, confiderer l'emplacement des Villes, dont le fol même a difparu, & dont on ne peut juger de la fituation, que relativement aux objets, dont elles étoient environnées. Telles font les premieres idées, qui fe prefentent a ceux qui voyagent dans la Calabre ulterieure; telles font les fenfations que j'ai éprouvé a chaque pas que j'ai fait, en vifitant cette malheureufe province, dans les mois de Fevrier & de Mars 1784. telles font, enfin les impreffions qui empechent de confiderer ces objets avec affez de fang froid, pour juger des effets & remonter aux caufes. Le naturalifte & le phyficien doivent être en garde contre les élans de leur fenfibilité, & de leur imagination, pour ne voir dans ce qui caufe les malheurs d'une infinité de familles, & la deftruction de 40. mille hommes, qu'un leger effort de la nature (1), &

pour

(1) **Un** effort un peu plus violent auroit peut-être fuffi a la nature, pour occafioner une cataftrophe prefque générale, pour changer abfolument l'ordre actuel des chofes, pour plonger la génération prefente & celles qui l'ont précedé dans la nuit de l'oubli, pour faire difparoitre les monumens de nos arts & ceux de nos connoiffances,& pour ramener enfin les focietés aux tems de leur premiere enfance. **Nous** calculons les effets de la nature d'apres nos moyens; elle nous paroit terrible & armée de tout fon pouvoir, lorfquelle change quelque chofe aux loix, aux quelles

**nous**

pour dépouiller les rélations de toutes les circonftances, que la terreur & la fuperftition y ont
jointes.

L'hiftoire ne fait mention d'aucuns tremblemens de terre, dont les fecouffes ayent été auffi violentes, & les effets auffi deftructeurs que ceux qui
ont défolé la Calabre pendant l'année 1783. ce
phénoméne eft affez fingulier, affez impofant par
lui même, pour intéreffer le phyficien, quoique dé-
pouillé de tout le merveilleux, dont on a furchargé
les premieres rélations, qui en ont paru ; & on le
fera d'autant mieux connoitre, qu'on le réduira a fes
moindres mots. Les fecouffes ont été d'une violence extrême (1) ; voila une verité de fait, fur la
quelle il ne peut y avoir aucuns doutes. Elles ont
produit, dans la Calabre ulterieure, des effets nécef-
faì-

nous la croyons foumife, & qu'elle agit fous nos yeux. Cependant qu'eft pour elle une étendüe de dix lieues, fur la furface du
globe ? que feroit même la difparition de nos Continens, relativement au fyfteme folaire. Combien de révolutions générales
n'a pas éprouvé la terre que nous habitons ? Combien de fois n'a
t'elle pas changé de forme. Nous voyons partout des veftiges de
fes revolutions, & de fes cataftrophes ; notre imagination qui ne
peut les embraffer toutes, fe perd dans les tems anterieurs a notre hiftoire. Le premier qui fuppofa un déplacement dans les
eaux de l'Ocean, c'eft-a-dire un ordre de chofes different du notre, crut avancer la propofition la plus hardie ; cependant notre
globe a peut être éprouvé vingt révolutions femblables. La fuppofition d'une feule n'explique rien. Nous marchons avec fé-
curité fur les débris, peut être de dix anciens mondes, & nous
frémiffons, lorfque la nature change quelques chofes a fes effets
journaliers.

(1) Les fecouffes etoient fi violentes, que les hommes, qui étoient
en rafe campagne, en furent renverfés. Les arbres, balancés fur
leurs troncs, plioient jufqu'a terre, leur tête touchoit le fol.
Beaucoup furent arrachés, & d'autres caffés près de terre.

faires , vû les circonftances locales ; voila une feconde verité, qui a befoin d'un peu plus de dévelo-
pement , & que je chercherai a rendre également
évidente , en decrivant la nature du fol , & le pays
fur lequel ont été exercés les plus grands ravages .
Je deduirai dela les caufes pourquoi certaines Villes
furent prefque exemptes du fléau général , quoiqu'
elles fuffent comprifes dans l'enceinte fous la quelle
paroiffoient fe faire les plus grands efforts,& qui étoit
près du centre des plus violentes fecouffes; pourquoi
d'autres Villes très voifines des premieres ne prefentent que des monceaux de ruines; & pourquoi quelques unes enfin ne laiffent plus aucuns veftiges de
leur exiftence .

Les fecouffes des tremblemens de terre de la
Calabre, quelques violentes qu'elles ayent été, n'ont
pas embraffé un bien grand efpace , & paroiffent
ainfi avoir eu une caufe locale . Elles ont eu pour
limites l'extremité de la Calabre citerieure , & elles
n'ont point exercé de ravages confiderables au déla
du cap des COLONNES fur la côte de l'eft , & de la
Ville l'AMENTHEA fur celle de l'Oueft . Meffine eft la
feule Ville de la Sicille , qui ait partagé les defaftres
du Continent ; & fi on a eu quelques legers reffen-
timens au delà , ils n'ont été que l'effet d'un foible
contrecoup . C'eft donc dans un efpace de trente
lieues de longueur , fur toute la largeur de la Calabre , que l'on a éprouvé ce terrible fleau . Dans cette etendüe , tous les lieux n'ont pas effuyé des fecouffes de la même violence ; tous n'ont pas fubi la
même deftruction . Il y a eu autant de varieté dans
les effets de ces tremblemens de terre , qu'il y a eu

B

d'empla-

d'emplacemens differens . Tous n'ont pas eu dans le même tems des fecouffes de même nature, & ces effets reftent inexplicables pour ceux qui ne connoiffent pas la nature du terrein , & les circonftances locales .

La Calabre ulterieure , dans fa partie inferieure , peut être confiderée comme une prefqu'isle qni termine l'Italie , & qui eft formée par l'étranglement des golphes opofés de SQUILACI , & de fainte EUPHEMIE . Elle eft traverfée par le prolongement des apenins , qui décrivant un efpece d'arc de cercle , vont fe terminer au cap DELL'ARMI , en face de TAORMINA en Sicille , Vis-a-vis les monts Neptuniens , qui pourroient être regardés , malgré le canal qui les fepare , comme une continuité de la même chaine , étant de même nature , & paroiffant courir fur la même direction . Au deffous du golphe de fainte EUPHEMIE , un bras des apenins fort de la chaine principale , s'étend prefque a angle droit, dans la direction de l'Oueft , pour former le vafte Promontoire que terminent les caps ZAMBRONE & VATICANO , & qui embraffe le golphe de fainte EUPHEMIE . Un autre bras fort dans la même direction, au deffous de la groffe montagne d'ASPRAMONTF , & va fe terminer a la pointe dite du PEZZO , qui s'avançant en face de la Ville de Meffine , forme le canal étroit , connu fous le nom de PHARE . L'efpece de baffin contourné par ces montagnes eft ce qu'on nomme la plaine de la Calabre , ou de MONTELEONE , & plus fouvent encore, fimplement la PLAINE . Ce nom prefente une idée fauffe , puifque le terrein , compris dans cet efpace , n'eft ni plat ni horifontal,

com-

comme la dénomination fembleroit l'indiquer ; mais il eft inégal & traverfé par des vallées & des gorges profondes . Peut-être l'a t-on défigné ainfi par opo-fition avec les hautes montagnes qui l'entourent . Le fol s'abaiffe graduellement , depuis les montagnes du fond qui courent du Nord au Sud , jufqu'au bord de la mer , ou il fe termine par une plage baffe , en forme d'arc de cercle rentrant , que l'on nomme, golphe de PALMA . C'eft dans cet efpace renfermé , comme je viens de le dire , entre trois montagnes & la mer , que les efforts de la nature ont été les plus violens ; c'eft le fol malheureux qui ne prefente plus que les ruines des villes qui s'y étoient formées; c'eft là ou tous les habitans paroiffoient devoués a une mort certaine & inévitable ; c'eft donc cette partie de la Calabre que je dois plus particulierement faire connoitre .

Les Apenins apres avoir traverfé l'Italie , en ne prefentant par tout qu'une fuite de montagnes cal-caires , foulévent ici leur tête , & montrent a de-couvert le granit & la roche feuilletée , qui for-ment , a eux feuls , l'extremité de cette longue, chaine. Ces fubftances que l'on regarde comme pri-mitives , rélativement a la formation de toutes les autres , au deffous des quelles elles font prefque, toujours placées , fembleroient offrir une bafe iné-branlable ; & les montagnes qu'elles conftituent, pé-nétrant par leurs racines jufqu'au centre du globe , devroient être exemptes de toute viciffitude ; c'eft cependant a leur bafe, qu'ont été reffenties les fecouf-fes les plus violentes , & elles même n'ont pas été exemptes des mouvemens convulfifs, qui ont détruit tout ce qui étoit a leurs pieds . B 2 Tou-

Toute la partie des Apenins , qui domine le
fond de la plaine , & dont quelques fommets , ou
grouppes plus elevés portent les noms diftinctifs de
MONTE JEJO , MONTE SAGRA , MONTE CAULONE , MONTE
ESOPE , ASPRAMONTE &c. , eft formée prefque entierement d'un granit dur , folide , compofé de trois parties quartz , feldfpath blanc , & mica noir . C'eft
prefque le feul genre de pierre , dont on trouve les
débris aux pieds des montagnes , c'eft le feul que
roulent les torrens ; & c'eft celui dont font bâtis
tous ceux des édifices de la plaine , dans les quels on
a employé des materiaux folides (1) . Sur quelques
maffes de ce granit, fur la croupe de quelques montagnes & fur quelques fommités, font attachés quelques bancs de pierres calcaires , qui paroiffent comme les reftes d'un revétement plus confiderable , que
le tems ou les eaux ont détruit . On trouve auffi
fur quelques fommets des roches de corne & des
fchorls écailleux ( hornnblende ), on en voit des fragmens dans les ruines de TERRA NOVA , OPIDO & SAN-
TA CRISTINA . La pente de ces montagnes eft tres rapide,

(1) Les materiaux pour bâtir font fort rares dans toute cette
partie de la Calabre . Les maifons des riches & les Eglifes font
conftruites avec les cailloux roulés par les torrens ; les ceintres
des portes & des fenêtres font de granit taillé dans les montagnes,
& par confequent fort chers a caufe de la main d'œuvre & des
tranfports . Les maifons des pauvres & les murs de cloture font
faits avec de l'argille melée de fable & de paille pétris enfemble , mife fous la forme de brique & fechée au foleil . Cette
difette de materiaux empechera de changer la pofition de beaucoup de Villes qui feroient mieux fituées quelques milles plus
loin , mais dont les habitans ne veulent pas s'eloigner , efperant
trouver dans les debris de leurs anciennes habitations de quoi
bâtir de nouvelles maifons .

pide , leur fommet eft décharné , & l'accez de plufieurs eft impraticable . Elles ont cet afpect de viel-
leffe , & de dégradation , que l'on obferve dans toutes les montagnes du même genre . Sur le prolongement de leur bafe , fe font établis fucceffivement,
comme par depôt & fur une tres grande épaiffeur ,
des couches de fable quartzeux , de galets , d'argille grife & blanchatre , & de grains de feldfpath &
de mica provenants de la décompofition des granits.
Le tout eft mêlé de coquilles & de fragmens de corps
marins . Cet amas de matieres , qui n'ont point de
liaifons entr'elles & qui font fans confiftance , paroit être un depôt de la mer , qui poufsée par les
vents d'Oueft a entafsé au pied de ces montagnes ,
contre les quelles elle venoit batre dans un tems fort
anterieur a l'état actuel des chofes , les detritus des
fommets fuperieurs & les corps que fon mouvement
de fluctuation lui faifoit apporter de fort loin .

Ce depôt , d'abord horifontal , du Nord au Sud
& incliné de l'eft a l'Oueft , comme il le paroit par
la direction des couches , a été enfuite modelé , foit
par les courans de la mer elle même , foit par les
dégradations des torrens fuperieurs , & il a formé
cette fuite de collines , de vallées & de plaines , qui
furbaifsées les unes au deffous des autres , vont fe
terminer par une plage baffe fur le bord de la mer .
Les progrès & les depoüilles de la végétation , &
d'autres caufes que je ne connois pas , ont établi
fur cette bafe mobile , une couche de terre végétale , argileufe , noire ou rougeatre , très forte , très
tenace , & qui a depuis deux jufqu'a quatre & cinq
pieds d'épaiffeur . Cette efpéce d'écorce donne un

B 3

peu

peu de folidité a ce fol , qui fe trouve encore lié par les racines nombreufes des arbres qui pouffent a la furface . Ces racines pénétrent très profondément , pour aller chercher l'humidité , que conferve toujours la partie inferieure de ce fable .

Cette partie de la Calabre eft arofée par les eaux des montagnes fuperieures , qui font tres abondantes pendant l'hyver & le printems , & qui, apres les pluies & la fonte des neiges , fe precipitent par torrents dans la PLAINE . Elles entrainent alors tout ce qu'elles trouvent fur leur paffage , & lorfqu'elles ont commencé a ouvrir un fillon dans la terre végétale , elles approfondiffent aifément leurs lits dans un fol qui ne prefente plus aucune réfiftance . Elles creufent ainfi des gorges d'une profondeur extrême , quelquefois de fix cents pieds . Mais leurs encaiffements reftent toujours efcarpés & prefque perpendiculaires ; parceque la couche fuperieure , entrelaffée de racines , retient les terres qui font au deffous , & les empêche de s'ébouler pour prendre leur talus . Tout le pays eft donc fillonné & coupé par des ravins , plus ou moins larges & profonds , ou coulent de petites rivieres , dont les eaux fe reuniffent , pour former les deux fleuves METRAMO & PETRACE . Ces fleuves débouchent dans la mer a peu de diftance l'un de l'autre , apres avoir traverfé la partie inferieure de la plaine , dont leurs attériffements ont augmenté & augmentent encore journellement l'étendue , comme on peut l'obferver a leur embouchure . Leurs rives qui font de la plus grande fertilité & qui font fufceptibles d'être arofées , ne font pas cependant la partie la plus cultivée de ce

beau

beau pays, on n'ofe pas les habiter a caufe du mauvais air .

Cette dégradation operée par les eaux a produit deux effets . Elle a d'abord formé un tres grand
nombre de gorges & de vallées , qui ont divifé &
morcellé l'ancien fol . Quelques unes de ces vallées
font devenuës fufceptibles de culture ; les autres s'y
refufent encore , parceque les inondations de chaque année les recouvrent de fable , de gravier & des
debris des terreins fuperieurs . Prefque toutes font
encaiffées par des efcarpements tres hauts , femblables a des murs ; quelques uns de ces encaifsements
ayant acquis un peu de talus , fe font couverts d'arbres qui contribuent a leur folidité ; mais aucuns
n'ont la pente neceffaire pour foutenir les terres fur
une bafe proportionée a leur hauteur . Les parties de
l'ancienne plaine, qui n'ont pas été dégradées par les
eaux , font reftées au deffus de ces valons , & y forment des plataux , dont les hauteurs fe corefpondent , qui font plus on moins étendus , & qui font
toujours environnés des ravins que jeviens de décrire .
Quelques uns de ces plateaux , parfaitement ifolés ,
reffemblent a ces montagnes calcaires a fommet ap-
plati , que l'on voit fouvent dans les plaines, & dont
les couches corefpondent a celles des hauteurs voifines. La nature a pu, par un mouvement violent de fluctuation dans la maffe des eaux de la mer, operer anciennement fur les fols a noyaux calcaires, plus mous
qu'ils ne le font aujourdhui , ce qu'elle fait fous nos
yeux dans les plaines fabloneufes de la Calabre .

Cette partie de la Calabre , dont je viens de
donner une legere idée , eft la plus riche , tant par

B 4

l'éton-

l'étonnante fertilité de fon fol, que par la varieté de
fes productions (1) . Elle eſt auſſi la plus peuplée .
Un nombre immenfe de villes, bourgs & villages,
fe font repandus fur fa furface : beaucoup etoient
fitués fur les coteaux au pied de la grande chaine ;
quelques uns fur ces portions de plateaux, que les
eaux ont refpecté, & dont j'ai déja parlé ; d'autres
enfin fur de petites plaines inclinées, qui de loin do-
minent la mer . Deux feules Villes font maritimes ,
PALMI & BAGNARA . On s'etoit de préférence placé
dans les fituations elevées, pour avoir l'avantage,
d'un meilleur air, d'une pofition plus agréable, &
d'une vüe plus etendue . Mais plufieurs de ces Villes, pour n'être pas trop eloignées des eaux qui couloient

(1) On ne peut pas fe former l'idée de la grande fertilité de la
Calabre, furtout de la partie dite la PLAINE . Elle eſt au deſſus de
tout ce qu'on peut s'imaginer. Les champs couverts d'oliviers, les
plus grands qui exiſtent nulle part, font encore fufceptibles d'être
enfemencés . Les vignes chargent de leurs pampres les arbres de
differentes efpeces, fans nuire a leur rapports . Le pays reſſem-
ble a une vaſte forêſt, par la quantité d'arbres dont il eſt couvert,
& cependant il donne encore du bled pour nourir fes habitans. Il
eſt propre a toutes efpeces de productions, & la nature y pre-
vient les defirs du cultivateur . Les bras n'y font jamais aſſez
nombreux pour recueillir toutes les olives, qui finiſſent par pour-
rir aux pieds des arbres dans les mois de Fevrier & Mars . Des
bandes d'étrangers, de Siciliens viennent, pour lors, aider a en,
faire la recolte, & partagent avec les proprietaires . L'huile eſt le
principal objet d'exportation, & on peut dire qu'il en fort toutes les années un fleuve de la PLAINE de Calabre. Dans les autres
parties, le principal produit eſt la foie, il s'y en fait une tres
grande quantité . Par tout les vins font bons & tres abondants .
Le peuple feroit enfin le plus heureux de la terre fi . . . . mais il
n'entre pas dans mon plan de faire la critique, ou du gouvernement, ou des feigneurs particuliers qui ont de vaſtes poſſeſſions
en Calabre .

loient dans les vallées , s'etoient etablies auprès des
escarpemens , sur le bord des ravins . Cette position a occasionné les circonstances singulieres , dont
leurs ruines furent accompagnées .

Le bras des Apenins , que j'ai dit s'étendre a
angle droit pour former un corps de montagne ou un
promontoire terminé par le cap Zambrone & Vaticano , a également pour base & pour noyeau le
granit ; mais cette roche n'y est pas partout également a decouvert . Elle paroit a nud dans les escarpemens qui accompagnent la coste , entre les caps
Zambrone & Vaticano ; elle y est en masses enor-
mes , dans les quelles je n'ai jamais pu decouvrir ,
ni couches , ni ordre simétrique . Ce granit est
tresdur ; son grain & sa composition sont les mêmes que celui des montagnes , qui occupent le
fond de la plaine . On y voit de grandes taches paral-
lépipedes , produit d'une crystallisation confuse , faite par une espece de précipitation (1) .

Ce promontoire , que je nommerai de tropea ,
a cause de la Ville qui est bâtie au dessous entre
les deux caps , va en retrait depuis sa base jusqu'a
son sommet , & il presente quatre petites plaines ,

pro-

(1) On exploite ce granit ; on en fait des marches d'escaliers,
des cuves pour les fontaines & autres ouvrages de ce genre . Je
croirois qu'une partie des colonnes de granit que l'on voit a Naples , & dans plusieurs Villes de la Sicille , & qu'on décore du
nom de granit oriental , quoiqu'il n'en ait pas la couleur rouge ,
a été tiré de ces rochers . en les parcourant, j'ai trouvé, dans un
escarpement sur le bord de la mer , au dessous du village de
parghelia, une ancienne carriere, ou il y a encore plusieurs belles
& grandes colonnes toutes taillées, quelques autres commencées;
& des fragmens de beaucoup qui s'étoient rompues pendant le
travail .

prolongées d'un cap a l'autre, en terraffes comme les marches d'un amphitheatre , & feparées par des coteaux rapides . On y fuit le gradation des matieres dont le corps de la montagne eft compofé . Le granit folide forme le premier échelon (1) ; au deffus , eft une tres grande épaiffeur de granit décompofé , dont les grains ont perdu leur adherence , & qui fe détruit au moindre choc . Dans cette efpece de roche pourrie , les eaux ont ouvert de profonds ravins , furtout dans la partie du cap ZAMBRONE , ou elles

(1) Au milieu de la plaine fertile, qui forme le premier echelon de la montagne de TROPEA, eft le petit bourg de PARGHELIA, remarquable par l'induftrie de fes habitans, dont le caractere contrafte avec celui des autres Calabrois . Ils font tous adonnés au commerce étranger . Ils partent le printems & fe repandent en Lombardie , en France , en Efpagne, en Allemagne . Il y trafiquent, non le produit de leurs terres qui fourniffent peu d'objets d'exportations; mais des Marchandifes d'un tranfport facile, telles que des effences , des foyes , des couvertures de coton tres bien travaillées &c. qu'ils achétent dans les autres parties de la Calabre : & ils portent en retour quelques objets de luxe , qu'ils repandent enfuite dans la province . Le village eft defert pendant l'été. Les femmes & les viellards font la recolte, & pendant l'automne les hommes reviennent dépofer chez eux les profits de leur induftrie , & enfemencer leurs terres . Prefque tous parlent François ; leurs manieres font moins dures , leurs mœurs moins fauvages que celles de leurs voifins . Ils jouiffent des petites aifances de la vie inconnües a leurs compatriotes . Il eft a remarquer que quoique les femmes ne foyent jamais des voyages, l'efpece fe reffent en quelques manieres , des courfes & de la frequentation des hommes dans les pays etrangers . Les hommes font grands , les femmes font jolies , & ont un teint très blanc; quelques unes ont les yeux bleux; La beauté des femmes de ce village eft citée dans tous les environs . Une autre chofe auffi finguliere , c'eft que l'exemple de PARAGHELIA ne fe communique pas a la ville de TROPEA , qui n'en eft qu'a demie lieue, & que toute l'induftrie de la Calabre foit renfermée dans ce petit bourg .

elles ont fait des coupures effrayantes , qui pénétrent toute l'épaisseur de la montagne ; mais dont les bords , quoique très rapides , ont pris cependant un peu de talus , n'ayant pas comme dans la plaine une croute folide qui foutienne les terres , & qui s'oppofe aux éboulemens . Sur le granit en décompofition eft une couche de plufieurs centaines de pieds dépaiffeur , formée d'un beau fable quartzeux blanc , dans lequel j'ai trouvée beaucoup de corps marins & furtout une grande quantité de fuperbes échinometres . Enfin la partie la plus haute de cette montagne , celle qui forme fon fommet , eft une pierre calcaire blanche à bancs horifontaux . Ce fommet aplati , fur lequel domine la feule montagne calcaire , ifolée , ditte PORO , qui porte les ruines d'un ancien chateau , forme une efpece de plaine inegale , qui fe prolonge jufqu'a la grande chaine , en paffant deffous MONTELEONE . Mais ce haut plateau ne partage pas la fertilité des plaines & des coteaux qu'il domine .

La Ville de Tropea , fituée au bord de la mer, vers la bafe du Promontoire , eft afife fur un rocher de granit , qui s'avance un peu dans la mer qu'il domine . La partie exterieure de ce granit eft révétue d'une roche calcaire fabloneufe , foiblement aglutinée & remplie de corps marins . Une concrétion calcaire femblable eft adherente au granit dans quelques autres endroits de la cofte .

Les flancs de cette montagne , du côté du Sud, dans la partie ou eft fituée NICOTERA , prefente encore a découvert un fuperbe granit a gros grains , dont les blocs font tres confiderables & dont on

pour-

pourroit faire de beaux ouvrages . Dans la partie fuperieure le granit fe décompofe, mais il eft moins friable que celui des environs de TROPEA . Il eft traverfé par des veines ou filons de feldfpath micacé , dont une partie approche de l'état du petuntze de faint Yrié en limoufin , & l'autre fe change en argille .

En prolongeant cette même face de montagne jufqu'a MILETTO & VALLELUNGA ; le granit folide paroit plonger fous terre, pour ne laiffer paroitre que le granit en décompofition, un fable quartzeux, & une argille blanche micacée affez graffe & ductile , qui pourroit être encore un produit de la décompofition du feldfpath . Ces matieres forment les coteaux adoffés a la montagne , dans les quelles les eaux pénétrent facillement & ouvrent des gorges & des vallées profondes . La Ville de MILETTO étoit bâtie fur ces coteaux .

Sur le revers de cette montagne, c'eft-à-dire fur fa croupe du côté du Nord, depuis le fleuvre ANGITOLA jufqu'au cap ZAMBRONE , le noyau paroit être un melange de granit, de roches feuillettées & glanduleufes, & de roche de corne noire, parmi les quelles domine une roche noiratre micacée contenant une quantité immenfe de grenats cryftallifés confufement , & melés quelquefois de pyrites (1) . Ces

gre-

(1) Cette roche feuilletée & micacée, contenant des grenats, prouve , que fes parties conftituantes ont été petries enfemble , & ont été precipitées en même tems du milieu du fluide qui les tenoit diffoutes . Dans quelques unes , le fond de la pierre eft comme une pâte de la nature du grenat, qui enveloppe le mica . Ailleurs le grenat a fa forme cryftallifée particuliere , & eft enfeveli dans le mica qui le contourne .

grenats par leur trituration ont formé un tres beau fable rougeatre, qui fe trouve au bord de la mer, & qui eft prefque entierement compofé de leur fragments. Dans la partie fuperieure de la montagne, au deffus des roches que je viens de défigner, il y a des pierres calcaires micacées, & enfin des pierres calcaires coquillaires.

La Ville du Pizzo, adoffée a ces roches noires fchifteufes, & granitiques, eft bâtie fur un rocher, qui s'avance dans la mer, & qui eft enveloppé, dans fa partie exterieure, par une aglutination de fable calcaire & quartzeux, melé de corps marins. J'y ai trouvé de très beaux echinites. Cette efpéce de concretion, formant une maffe peu folide, eft prefque femblable a celle de TROPEA ; elle eft adherente a d'autres rochers fchifteux de la même montagne. Elle fe recouvre, par le concours de l'humidité, d'une efpéce de croute ou moufse noiratre, qui a trompé l'œil de M. le ch. Hamilton ; il a cru y voir un tuf volcanique. Je puis affurer, après l'examem le plus réfléchi, & après des recherches fort exactes, que, dans toute cette partie de la Calabre, il n'y a pas le moindre veftige des produits du feu.

Pour fuivre l'examen des montagnes, qui entourent la plaine, il me refte a déterminer la nature du corps de montagne, qui fe termine en face de Meffine, & qui borde la cofte, depuis le PEZZO jufqu'a BAGNARA, en fuivant le contours du Promontoire, qui par fon étranglement a formé le Phar, & contre le quel, dans la partie du Nord Oueft, eft bâtie la Ville de Scilla. Le noyau eft encore ici un granit recouvert de roches feuilleltées, & micacées,

il eft

il eſt ſurmonté, dans quelques endroits, par des pierres calcaires & pierres ſabloneuſes tendres.

Le ſchiſte micacé , & le ſchiſte argilleux do-
minent dans les montagnes , qui environnent les riches campagnes de Regio (1) , & qui ſe prolongent
juſqu'au cap Spartivento . Ces ſchiſtes ſont traverſés par des filons de quartz , & des filons metalliques . On y avoit tenté l'exploitation d'une mine de
plomb tenant argent, qui enſuite a été abandonnée.

Le revers des Apenins , c'eſt-a-dire , la partie
qui regarde l'eſt , preſente un aſpect moins décharné , moins aride que la face de l'Oueſt . Les pentes ſont moins rapides, & les croupes ſont couvertés
de bois . Les montagnes paroiſſent moins hautes ,
par ce qu'elles ſont accompagnées de montagnes du
ſecond ordre , & de collines qui deſcendent juſqu'a
la mer , dont le centre de la chaine eſt beaucoup
plus

(1) La Ville de Regio , ſituée a l'extremité de la Calabre ,
eſt dans une poſition delicieuſe . Les montagnes , qui l'entourent , ſont couvertes des arbriſſeaux , dont nous nous ſervons en
France , pour la décoration de nos parterres , & qui , preſque
toujours en fleurs, ſont un effet charmant . Tels ſont les lauriers
roſes , les genets odorants &c. les plaines & les vallons ſont
d'une fertilité , qui ſurprend toujours , & qu'ils doivent a la
grande abondance des eaux . On ne creuſe nulle part dans le
ſable du rivage , a deux & trois pieds de profondeur , que l'on
ne trouve de l'eau douce . Cette eau deſcend des montagnes ,
filtre a travers le ſol , & entretient ainſi une fraicheur , & une
humidité , qui rendent la végétation extrêmement abondante .
Un grand nombre de foreſt d'Agrumi decorent les campagnes de
Regio, offrent des promenades charmantes & founiſſent un objet
de commerce aſſez conſiderable par leurs fruits & leurs eſſences .
On ſe ſert en Italie du mot Agrumi comme d'un nom generi-
que pour exprimer collectivemenr tous les arbres de l'eſpece des
orangers , cedrats , citroniers , bergamotes &c.

plus rapproché, que dans la partie opɔſée (1) . Cette coſte offre une ſuite de ſites variés , & de poſitions charmantes & pittoreſques . Les campagnes y ſont d'une extrême fertilité ; il y a peu de plaines , mais les vallons ſont délicieux; les coteaux ſont couverts de meuriers & d'arbres fruitiers , & les olviers y étant moins nombreux que dans la partie de l'Oueſt, la verdure y a plus de fraicheur & d'agrément . Le centre ou le noyaux des montagnes ſecondaires & des colines eſt ſolide ; le ſchiſte & la pierre calcaire y regnent; ils y ſont traverſés de quelques filons metalliques .

La partie de la chaine des Apenins , qui paſſe a travers l'iſthme ou l'étranglement formé par les golphes de ſainte EUPHEMIE & de SQUILACE , eſt encore un compoſé de granit , de roche feuillettée & de ſchiſtes , couverts en quelques endroits par la pierre calcaire ; ce n'eſt qu'au dela de NICASTRO & de CATANZARO , que toutes ces ſubſtances ſe cachent ſous la pierre calcaire , qui leur eſt ſubſtituée dans toute la partie ſuperieure de cette chaine , pour ne plus ſe montrer que dans les laves & dejections du veſuve, & dans les productions volcaniques de la campagne de Rome & de la Toſcane : le feu des volcans allant les arracher a une très grande profondeur .                                              Il

(1) On pourroit ſuppoſer, que dans les tems anciens, les mouvements de la mer , de l'Oueſt a l'Eſt , étoient plus conſiderables & plus frequens , que dans la partie opoſée ; puiſque d'un côté de la chaine , elle a entaſſé , au pied des montagnes , beaucoup de ſable & de detritus des ſommets ſuperieurs , dont elle a formé ce que j'ai decrit ſous le nom de PLAINE ; pendant qu'a l'eſt , elle baigne encore immediatement le pied des côteaux , ſans y avoir formé d'attériſſement .

Il réfulte de cette examen général , que la Calabre a, prefque partout, le granit pour fondement :
que c'eft , fous cette bafe , qui paroit inébranlable ,
qu'étoit le foyer des tremblemens de terre (1); ou au
moins , que c'eft deffous ces matieres solides, qu'ont
agi les forces , qui ont occafioné  les grands ébranle-
mens des furfaces ;  que dans aucune partie de cette
province, il n'y a veftiges de volcans;que je n'ai trouvé aucunes matieres alterées par les feux fouterrains,
ni dans les montagnes,ni dans les pierres roulées par
les torrens; qu'il n'y a dans cette province,ni laves, ni
tufs, ni scories d'aucunes efpeces. Je n'ai vu,dans l'interieur de la plaine, que deux fources d'eaux hépatiques
froides;il y a une fource abondante d'eau thermale fulphureufe , auprés de fainte Euphemie,au dela de la
prefqu'isle ; mai je ne puis regarder, ni les unes , ni
les autres, comme indices de feu, puifque la décompofition fpontannée des pyrites fuffit pour les produire . J'infifte fur cet objet pour détruire l'opinion de
ceux, qui fuppofent des feux recellés fous cette province : Ils s'y feroient connoitre par des phénomenes
moins équivoques, s'ils y exiftoient. il n'y a dans la
plaine , & dans les montagnes qui l'entourent, au
moins dans celles qui en forment le quadre , ni mi-
nes, ni matieres fulphureufes , ni bitumes , quoique
les hiftoriens du pays prétendent le contraire.Le granit fe montre a decouvert , dans prefque toute cette
cein-

(1) Je me fert des mots de FOYERS , de CENTRE D'EXPLOSION,
non que je croye,que la caufe premiere des tremblemens de terre ait jamais refidé fous la Calabre ; mais feulement pour m'aider a en expliquer les effets, jufqu'a ce que j'aye déduit,des phénoménes eux mêmes, la caufe de l'agitation du fol de cette malheureufe province .

ceinture , & le fol inferieur n'eft qu'un compofé d'argille , de fable , & de cailloux .

Quoique les tremblemens de terre fe foyent fuccedés , prefque fans aucune interruption , depuis le 5. Fevrier , jufqu'au mois d'aouft fuivant ; on peut leur fixer trois époques diftinctes , rélativement aux lieux , fous lefquels ils ont agi le plus violemment , & aux effets qu'ils ont produits . La premiere comprendra les fecouffes , depuis le 5. Fevrier jufqu'au sept du même mois, exclufivement; la feconde renfermera celle du sept Fevrier a une heure après midi , & toutes celles , dont elle fut fuivie jufqu'a 28. Mars ; & l'autre enfin , toutes celles, qui furent pofterieures a cette époque .

Le fecouffe terrible pour la plaine de Calabre, celle qui enfevelit fous les ruines des Villes , plus de vingt mille habitans , arriva le 5. Fevrier a midi & demi . Elle dura deux minutes , & ce court efpace de tems lui fuffit pour tout renverfer , pour tout détruire . Je ne puis mieux rendre compte de fes effets , qu'en fuppofant fur une table , plufieurs cubes formés de fable humecté & taffé avec la main , placés a peu de diftance les uns des autres . Alors , en frappant a coups redoublés , fous la table , & la fécouant en même tems , horifontalement & avec violence , par un des fes angles , on aura une idée des mouvemens violens & differens , dont la terre fut pour lors agitée . On éprouva , en même tems, des foubrefauts , des ondulations dans tous les fens , des balencemens & des efpeces de tournoyemens violents . Auffi rien de tout ce qui étoit édifié ne put refifter a la complication de tous ces mouve-

C                               ments .

ments. Les Villes & toutes les maisons eparses dans la campagne furent rasées dans le même instant. Les fondemens parurent être vomis par la terre, qui les renfermoit. Les pierres furent broyées & triturées avec violence les unes contre les autres, & le mortier qui les reunissoit fut reduit en poudre. Ce tremblement de terre, un des plus violens qui ayent jamais existé, arriva sans avoir été preludé par des secousses moins violentes, & sans que rien l'ait annoncé. Tel l'effet subit d'une mine. Quelques uns prétendent cependant, qu'un bruit sourd & interieur se fit entendre, presque en même tems. Mais qui peut ajouter foi aux circonstances racontées, par ceux, qui se trouverent exposés a toute la rigueur de ce terrible fléau. La terreur & le desir de se sauver furent les deux premiers sentimens, qu'éprouverent ceux qui étoient renfermés dans les maisons. Un instant après, le fracas de la chute des édifices, & la poussiere ne leur permirent plus, de rien voir, de rien entendre, ni même de réflechir. Un mouvement machinal fit échaper ceux, qui se sauverent ; les autres ne recouvrerent le sentiment de leurs maux, que lorsque la premiere secousse fut cessée. Je ne chercherai point a peindre l'effroi, le silence, le desespoir, qui succederent a cette terrible catastrophe. Le premier mouvement fut celui de la joie de vivre encore ; le second fut de désolation. Detournons les yeux de ce spectacle d'horreur ; laissons a d'autres les details des malheurs particuliers, & de leurs circonstances singulieres ; & attachons nous aux seuls effets physiques.

Les soubresauts les plus violents furent ressentis dans les territoires d'opido & de santa Cristina. C'est la aussi ou furent les plus grands boulversemens ;

mens ; ce qui a fait fuppofer , que ces Villes étoient placées , a peu près , fur le foyer , ou dans le centre de l'explofion . Mais je ne dirai pas , comme tous les autres l'ont repeté , que l'effet des tremblemens de terre , & les ruines qu'ils ont occafionnés , ont été en raifon inverfe de l'eloignement de ce centre , & que plus étoient grandes les diftances , moins grandes étoient les ruines . Dans cette fuppofition , les Villes de SIDERNO , GROTERIA & GERACE , qui ne font pas plus eloignées d'OPIDO , ou de fanta CRISTINA , que ROSARNO & POLISTENA , auroient éprouvé un même fort . Les villages de MAMOLA , AGNANA & CANOLO , qui en font beaucoup plus près , auroient été rafés . Mais tous ces lieux étoient fur des hauteurs de l'autre coté de la chaine , & quoiqu'ils fouffriffent beaucoup , de la fecouffe du 5, Fevrier, ils ne furent ni renverfés ni détruits ; on ne peut en rien comparer leur fort , avec celui des Villes de la PLAINE . Je dirai avec plus de raifons, que tout ce qui étoit enfermé dans l'enceinte de montagnes ci deffus décrites , fut détruit ; & que tout ce qui étoit placé fur le folide , au deffus de la plaine , & fur les croupes des montagnes qui l'entourrent , ne fut pas a beaucoup près auffi maltraité .

L'effet général du tremblement de terre , fur le terrein argillo-fabloneux de la plaine de Calabre, qui tel que je l'ai décrit , n'a point de confiftence , fut d'augmenter fa denfité en diminuant fon volume , c'eft-a-dire de le taffer ; d'établir des talus , partout ou il y avoit des efcarpemens , ou des pentes rapides ; de détacher toutes les maffes , ou qui n'avoient pas fuffifament de bafe , ou qui n'étoient

G 2

rete-

retenus, que par une adherence laterale ; & de remplir les cavités interieures. Il s'enfuivit, que dans prefque toute la longueur de la chaine, les terreins, qui étoient appuyés contre le granit de la bafe des monts CAULONE, ESOPE, SAGRA & ASPRA-MONTE, glifferent fur ce noyeau folide, dont la pente eft rapide, & defcendirent un peu plus bas. Il s'établit alors une fente de plufieurs pieds de large, fur une longueur de 9. a 10. milles, entre le folide & le terrein fabloneux ; & cette fente regne, prefque fans difcontinuité, depuis faint GEORGE, en fuivant le contours des bafes, jufque derriere fain-te CRISTINE. Plufieurs terreins, en coulant ainfi, ont été portés affez loin de leur premiere pofition, & font venus en recouvrir d'autres, affez exacte-ment pour les faire difparoitre (1). Des champs en-tiers fe font abaiffés confiderablement, au deffous de leur premier niveau, fans que ceux qui les en-
viron-

(1) Les accidens de ce genre onr donné lieu a des queftions fingulieres ; il a falu decider a qui appartenoient les terreins, qui en avoient enfevelis d'autres. En général les tremblemens de terre de la Calabre ont occafioné les plus grandes revolutions dans la fortune des particuliers. On y a vû les jeux les plus fin-guliers du fort & du hazard. Plufieurs de ceux dont tous les biens étoient en mobiliers, en contrats, ou en argent contant, fe font trouvés reduits a la mendicité, quelque fuffent leu s richeffes anterieures. D'autres ont été appellés a des heritages, qui ne pouvoient jamais entrer dans leurs efperances, & qui ne leur appartiennent que par la perte entiere des familles les plus nombreufes. Prefque tous les gens riches ont perdu ; prefque tous les pauvres ont gagné. Ceux ci, outre les profits du pilla-ge, taxerent, eux mêmes, les mains d'œuvre a un prix exor-bitant. Le befoin qu'on avoit d'eux pour conftruire des bara-ques, ou pour fauver ce que recelloient les ruines, fit qu'on les paya tout ce qu'ils demanderent.

vironnoient , ayent éprouvé le même changement , & ils ont formé ainſi des eſpeces de baſſins enfoncés, tel celui qui eſt au deſſus de CASAL NUOVO; d'autres champs ſe ſont inclinés . Des fentes & des fiſſures ont traverſé, dans toutes les directions, les plateaux & les coteaux ; mais ordinairement elles ſont paralelles au cours des gorges, qui les environnent. On rencontre ces fentes a chaque pas, dans les vaſtes champs d'oliviers, entre POLISTENA & SINOPOLI . Mais ce fut principalement ſur les bords des eſcarpemens , qu'arrivérent les plus grands deſordres & les plus grands boulverſemens. Des portions conſiderables de terreins , couverts de vignes & d'oliviers, ſe détacherent , en perdant leur adherence laterale , & ſe coucherent d'une ſeule maſſe, dans le fond des vallées , en décrivant des arcs de cercle , qui ont eu pour rayon la hauteur de l'eſcarpement; tel un livre poſé ſur ſa tranche, qui tombe ſur ſon plat . Alors la portion ſuperieure du terrein , ſur la quelle étoient les arbres, s'eſt trouvé jettée loin de ſon premier ſite , & eſt reſté dans une poſition verticale . J'ai vu des arbres , qui ont continué a pouſſer , & qui même ne paroiſſent pas avoir ſouffert , quoique depuis un an ils ſoyent dans une poſition ſi contraire a la perpendicularité, qu'ils affectent toujours . Ailleurs, des maſſifs énormes, rompant également leur adherence laterale, ont coulé ſur la pente des talus inferieurs & ſont deſcendus dans les vallés ; a la force d'impulſion, qu'ils avoient reçu par leur chute, ils joignoient celle de la pouſſée des terres, qui s'ébouloient derriere eux ; ce qui leur permettoit de parcourrir

C 3

d'aſſez

d'aſſez grands eſpaces en conſervant leur forme &
leur poſition ; & après avoir donné le ſpectacle de
montagnes en mouvement, ils ſont reſtés au milieu
des vallées . Il eſt eſſentiel de faire remarquer, que
le terrein ſabloneux de la plaine ne formant pas une
maſſe dont les parties fuſſent liées enſemble , étoit
mauvais propagateur du mouvement ; de maniere
que la partie inferieure en recevoit plus qu'elle
n'en tranſmettoit aux ſurfaces . Cela a fait que les
éboulemens ont preſque toujours commencé par le
bas ; & que les baſes manquans & s'échapans a la
maniere des fluides de deſſous les corps qu'elles ſou-
tenoient , ces corps ſe ſont affaiſſés , & detachés en
très grandes maſſes , des terreins dont ils formoient
continuité . Les ſurfaces des terreins étant forte-
ment liés pas l'entrelaſſement des racines des arbres, & par l'épaiſſeur & la tenacité de la couche
de terre végétale , & argilleuſe, il n'eſt point ſingulier que beaucoup de ces terreins ſe ſoyent conſervés
preſque entiers , malgré les chutes , les chocs violens & les longs trajets qu'ils ont fait . Mais ſuivons
les effets de la ſecouſſe du 5. Fevrier .

Lorſque l'éboulement a commencé par la partie ſuperieure de l'eſcarpement , & lorſque les ſurfaces des terreins ſe ſont briſés en fragments, qui ſe
detachoient , a meſure que la baſe manquoit ; le
boulverſement a été total . Les arbres, a moitié enterrés , preſentent leurs racines ou leurs têtes , &
ſi les materiaux & les charpentes des maiſons détruites, ſe ſont mélés avec ces débris de montagne,
on ne reconnoit plus rien de ce qui étoit ; & le tout
ne preſente que l'image du chaos .

Il

Il eſt arrivé quelque fois qu' un terrein , a qui ſa chute & l'inclination du talus , qui s'étoit formé ſous lui , avoient donné une grande force de proje-ction , a rencontré & franchi de petites collines qui étoient ſur ſon paſſage , les a recouvert , & ne s'eſt arreté qu'au dela . Si ce même terrein , rencontrant la côte opoſée , frappoit violement contre , il ſe re-levoit un peu & formoit une eſpece de berceau . Lorſque les bords opoſés d'une vallée ſe ſont écrou-lés en même tems , leurs debris ſe ſont rencontrés , leur choc lès a ſoulevé & ils ont formé des mon-ticules dans le centre de l'eſpace qu'ils ont com-blé . L'effet le plus commun , celui dont on voit un très grand nombre d'exemples dans les territoi-res d'opido & de ſainte Cristine , ſur les bords des Vallées ou gorges profondes dans les quelles cou-lent les fleuves maïdi, birbo & tricucio, eſt celui qui s'obſerve , lorſque la baſe inferieure ayant manqué , les terreins ſuperieurs ſont tombés perpendiculaire-ment & ſuceſſivement , par grandes tranches ou bandes paralelles , pout aller prendre une poſition reſpective , ſemblable aux marches d'un amphithea-tre ; le plus bas gradin eſt quelquefois a trois ou quatre cent pieds au deſſous de ſa premiere poſi-tion . Telle une vigne , entrautres , ſituée ſur le bord du fleuve tricucio , aupres du nouveau lac , s'eſt diviſée en quatre parties , qui ſe ſont miſes en te-raſſes les unes au deſſus des autres , & dont la plus baſſe eſt tombée de quatre cent pieds de hauteur .

Les arbres & les vignes qui étoient ſur les ter-reins , dont la maſſe entiere s'eſt déplacée , n'ònt point ſouffert . Les hommes même , qui s'y ſont

C 4

trou-

trouvés, les uns deſſus les arbres, les autres a leurs pieds travaillant le ſol, ont été ainſi voiturés, pen-dant pluſieus milles, ſans recevoir aucun mal . On m'en a cité pluſieurs exemples qui ſont conſignés dans les relations.

Les effets des éboulemens ont été d'étrangler ou de combler les vallées par la rencontre & la reu-nion des bords opoſés, de maniere a obſtruer le paſ-ſage des eaux & a former un grand nombre de lacs; d'aplanir des terreins coupés par des gorges ; de tranſporter ſur les poſseſſions des uns , les heritages des autres ; de couper les communications , & de donner a tout le pays une face nouvelle .

Les autres phénoménes , produits par la pre-miere ſecouſſe & dépendants d'une même cauſe , furent la ſuſpenſion dans le cours des eaux , le dé-ſechement inſtantané de quelques rivieres & leur accroiſſement , le moment d'apres . L'explication de ces faits ſe déduit facilement des ſoubreſauts violents de bas en haut , qu'éprouvoit alors la ter-re . Le centre de la plaine étoit ſoulevé , la pente des eaux inferieures étoit augmentée & elles coul-loient avec plus de rapidité . Les eaux ſuperieu-res , retenues par une eſpece de digue , reſtoient en ſtagnation ; mais l'effet ceſſé , les niveaux ſe retabliſsoient , & les eaux un peu accumu-lées couloient troubles . On vit , dans pluſieurs endroits , des eaux jailliſſantes qui s'éleverent a pluſieurs pieds de hauteurs & qui portoient avec elles du ſable & du limon . Les ſources furent toutes plus abondantes . Quelques eaux ſulphureu-ſes & hépatiques parurent , pendant quelques jours,

& ta-

& tarirent enfuite . Ces phénoménes font tous l'effet du taffement , Toutes les fources ont leur refervoir intérieur ; beaucoup de cavités fouterraines font pleines d'eaux croupiffantes , qui y acquierent un gout & une odeur d'hépar , foit par la putréfaction , foit par la décompofition des pyrites . Si par le referrement du fol , ou par la chute de quelques corps fuperieurs , les refervoirs diminuent de capacité , il faut que les eaux s'échapent ; elles s'élancent avec d'autant plus de force que la compreffion laterale eft plus violente,& elles entrainent avec elles les corps qui leur font mélés . Cette augmentation des fources eft encore une caufe de l'acroifement des rivieres . Perfonne n'a pu me dire d'une maniere précife , fi les eaux hépathiques , qui coulerent pour lors , étoient froides ou chaudes. Celles que j'ai vû & qui fe mêlent encore maintenant avec les eaux du fleuve VACARI pres POLISTENA , & celles du fleuve TRICUCIO pres OPIDO font froides . Le phénoméne des eaux jailliffantes eft particulier a la premiere fecouffe ; il n'a point eu lieu dans les autres, par ce que le fol avoit pris toute la denfité & le referrement qu'il pouvoit recevoir .

D'ailleurs dans tout le pays que j'ai parcouru, malgré les recherches les plus exactes , je n'ai trouvé, ni indices, ny témoignages, qui m'indiquaffent un dégagement ou des courans de vapeurs fouterraines, point de veftiges de feu ou de flame . Tous les faits dans ce genre rapportés dans beaucoup de relations font contredits par le témoignage même de ceux qui y font cités. Il eft facile de faire dire tout ce qu'on defire , par des paifans encore remplis de terreur , &

qui

qui ne prennent point d'intereſt aux circonſtances dont on leur demande les détails. Il eſt aiſé de leur faire repondre *oui*, a toutes les queſtions qu'on leur fait. Ce ſont toujours des eſpeces de demi-ſavants, qui ont ajouté, a leurs relations, les circonſtances les plus ſingulieres & les plus contradictoires ; par ce qu'il ont voulu attribuer aux tremblemens de terre actuels, tous les phénoménes dont ils avoient quelques notions & qu'ils ſavoient être arrivés, pendant des evénemens ſemblables. D'ailleurs la plupart d'entreux avoit un petit ſyſtême a ſoutenir, & ils ont voulu arranger les faits, pour les faire entrer dans le cadre qu'ils leur avoient preparé d'avance.

Parcourons rapidement les Villes qui ont été renverſées par cette premiere ſecouſſe, & voyons quels ont été les principales circonſtances de leur deſtruction.

Rosarno petit bourg ſur une coline ſabloneuſe, a peu de diſtance du fleuve metramo, a été renverſé ; on peut même dire raſé. Le chateau du prince, les égliſes, & les maiſons offrent des monceaux de ruines, a l'exeption de quelques maiſons baſſes, qui ſont toutes lezardées & de quelques pans de murs qui ſe ſoutiennent encore en l'air.

Le fleuve metramo ſuſpendit un inſtant ſon cours, auprès du pont de roſarno ; un moment après ſes eaux furent plus abondantes & troubles. On pretend même, qu'il fut a ſec pendant quelques minutes (1).

POLI-

---

(1) La plaine qui eſt ſur la rive droite du fleuve metramo auprès du pont eſt condamnée a être ſterile par les inondations d'un

tor-

Polistena Ville affez grande, riche, peuplée étoit bâtie fur deux coteaux fabloneux, divifés par une riviere un peu encaiffée. Elle a été abfolument rafée (1). Il n'y fubfifte pas une feule maifon, pas un

torrent, qui la recouvre chaque année de fable & de vafe, & qui en fait un terrein marecageux ou l'air eft deteftable. Quelques dépenfes fuffiroient pour former un lit a ce torrent & pour l'y contenir. Mais le gouvernement ne daigne pas s'occuper de *ces petits details d'adminiftration*.

(1) J'avois vu Messine & Regio, j'avois gemi fur le fort de ces deux Villes; je n'y avois pas trouvé une maifon qui fût habitable, & qui n'eut befoin d'être reprife par les fondemens; mais enfin le fquelette de ces deux Villes fubfifte encore; la plûpart des murs eft en l'air. On voit ce que ces Villes ont été. Meffine prefente encore a une certaine diftance une image imparfaite de fon ancienne fplendeur. Chacun reconnoit ou fa maifon, ou le fol fur le quel elle repofoit. J'avois vû Tropea & Nicotera dans lefquelles il y a peu de maifons, qui n'ait reçu de très grands domages, & dont plufieurs même fe font entierement ecroulées. Mon imagination n'alloit pas au dela des malheurs de ces Villes. Mais lorfque, placé fur une hauteur, je vis les ruines de Polistena, la premiere Ville de la Plaine qui fe prefentat a moi; lorfque je contemplai des monceaux de pierres, qui n'ont plus aucunes formes & qui ne peuvent pas même donner l'idée de ce qu'étoit la Ville, lorfque je vis que rien n'étoit echapé a la deftruction, & que tout avoit été mis au niveau du fol; j'eprouvai un fentiment de terreur, de pitié, d'effroi, qui fufpendit pendant quelques momens toutes mes facultés. Ce fpectacle n'étoit cependant que le prélude de celui, qui alloit fe prefenter a moi dans le refte de mon voyage.

L'impreffion que m'a fait Meffine eft d'un genre tout different. Ce font moins fes ruines, qui m'ont frappé, que la folitude & le filence, qui regnent dans fes murs. On eft penetré d'une terreur mélancolique, & d'une trifteffe fombre, lorfqu'on traverfe une grande Ville, lorfqu'on parcourt tous fes quartiers, fans rencontrer être vivant, fans qu'aucune voix Vienne frapper vos oreilles, fans entendre autre bruit, que le balancement de quel-

un pan de mur (1) . Plufieurs maifons fe font écroulées dans le fleuve , fur le bord du quel le fol a manqué . Les murs épais & tres folides du couvent des Dominicains font tombés par gros blocs . Sur le coteau de la droite auprès des Capucins , le terrein s'eft beaucoup affaiffé ; il y a plufieurs fentes dans le fol,& fon abaiffement continue jufqu'au pied de la montagne, a une lieue dela . Dans tous les environs de la Ville il y a beaucoup de filfures .

Saint GEORGES petite Ville , a une lieue & demie de diftance de POLISTENA, n'a prefque point fouffert de la fecouffe du 5. Fevrier , parcequ'elle étoit bâtie fur la hauteur & fituée fur un rocher adherent a la grande chaine des Apenins . Elle reçut enfuite plufieurs domages confiderables , dans les tremblemens de terre du 7. Fevrier & du 28. Mars .

CINQUE FRONDI joli bourg, a une demie lieue de diftance de POLISTENA, dans une plaine très fertile , a été entierement rafé . Une tour antique , quarrée, monument farafin placé au centre du bourg , affez grande pour fervir de chateau & de logement au feigneur du lieu , étoit d'une extreme folidité ,

tant

quelques portès & fenêtres, atachées a dès pans de murs elevés , & agitées par les vents . L'ame eft alors plutôt accablée , fous le poids de ce qu'elle éprouve , qu'effrayée ; la cataftrophe paroit avoir frappé directement fur l'efpece humaine , & il femble que les ruines, qui fe prefentent, ne font que l'effet de la dépopulation . Telle une Ville qui feroit devaftée par la pefte .

Toute la population de Meffine eft refugiée fous des baraques de bois autour des murs de la Ville .

(1) Cette Ville a enfeveli , fous fes ruines , la moitié de fes habitants . Ceux qui ont furvecu a la terrible cataftrophe, habitent des baraques placées fur un plateau, qui domine l'ancienne Ville, & ou on compte bâtir la nouvelle .

tant par la grande épaiffeur des murs , que par la
nature du mortier, qui avoit lié le tout au point d'en
faire une maffe auffi folide qu'un rocher ; elle a été
renverfée, & en tombant, elle s'eft brifée en plufieurs
gros blocs , qui étonnent par leur volume & leur
dureté . Un de ces blocs contient un escalier tout
entier . Il femble ici , que la terre ait voulu vo-
mir de fon fein , les fondemens même des maifons .

En allant de POLISTENA a CASAL NOVO diftant de
deux lieues, on paffe le fleuve VACCARI, qui a creufé
fon lit , dans un fol tout de fable ; il y a une fource
d'eau fulphureufe froide , qui fe jette dans le fleuve
a peu de diftance de POLISTENA ; cette fource fut très
abondante le 5. Fevrier & jours fuivants ; fon odeur
étoit auffi plus forte ; mais elle reprit peu a peu fon
état naturel . Dans la campagne que traverse ce fleuve , & fur fes bords , il y eut plufieurs fources jailliffantes , lors de la premiere fecouffe .

CASALNOVO , joli bourg , fitué dans une plaine
agréable , au pied de la montagne , avec des rues
larges & allignées , & des maifons baffes (1) , a été
entierement rafé ; il n'y refte pas pierre fur pierre .
Tout a été mis de niveau avec le fol. Ce bourg avoit
été bâti après les tremblemens de terre de 1638, qui
dévafterent la Calabre . On avoit pris toutes les
précautions, qu'on avoit pu imaginer, pour lui faire
éviter

(1) L'afpeĉt de CASALNOVO étoit charmant , vû a une certaine diftance . An coin de chaque maifon , on avoit planté un arbre & un fep de vigne , qui donnoient de l'ombre ; les rues paroiffoient des allées de jardin .

éviter une ruine femblable a celle dont on étoit
temoin . Mais , quoique fes rues fuffent très
larges , & les maifons très baffes , pres de la moi‑
tié de la population fut écrafée fous fes ruines .
La Marquife de Gerace Dame du lieu , & tous
ceux , qui étoient auprès d'elle , furent victimes
de cette fecouffe .

Tout le fol de la plaine, qui entoure CASAL NO‑
VO , s'eft affaifsé . Cet abaiffement eft furtout fort
aparent , au deffus du bourg , au pied de la monta‑
gne . Tous les terreins inclinés , apuyés contre cette
même montagne , ont gliffé plus bas ; en laiffant ,
entre le terrein mouvant & le folide , des fentes de
plufieurs pieds de large , qui s'étendent a trois , ou
quatre milles . Des portions de terreins , en defcen‑
dant ainfi , font venus dans la plaine , & en ont re‑
couvert d'autres , qui en étoient a une affez grande
diftance .

En allant de CASAL NOVO a fanta CRISTINA ,
dans un efpace de 6. lieues , on traverfe un pays ex‑
traordinairement coupé de gorges , de ravins , de
vallées profondes , & qui a été par conféquent le
theatre des plus grandes révolutions . On n'y fait pas
un pas , qu'on ne trouve ou des fentes dans le fol ou
des éboulemens .

TERRA NOVA , petite Ville , étoit fituée fur un
plateau , entouré , de trois cotés , par des gorges
profondes ; ce qui lui donnoit l'apparence d'être
placée fur une montagne elevée . Mais ce plateau
faifoit l'extremité d'une plaine , qui fe prolonge juf‑
qu'au pied de la montagne , & qui eft d'une extre‑
me

me fertilité (1). Cette Ville jouiſoit d'un bon air, d'une belle vue, & avoit des eaux excellentes. La poſition, qui lui avoit procuré tous ces avantages lui a fait éprouver une deſtruction dont les détails font frémir. Une partie du ſol s'éboula, & en coulant juſqu'au bord du fleuve MARO, il entraina avec lui les maiſons qui étoient dessus. Leurs débris en pierres & charpentes, melés avec le ſable du corps de la montagne, couvrent un eſpece conſiderable de la vallée, que dominoit la Ville. Dans la partie opoſée, la montagne s'eſt ouverte, par une fente perpendiculaire, dans toute ſa hauteur; une portion s'eſt détachée & eſt allée tomber tout d'un bloc, en s'appuyant ſur le coté; tel un livre, qui s'ouvre par le milieu & dont une moitié reſte ſur le dos, pendant que l'autre ſe couche ſur le plat. La ſurface ſuperieure, ou il y avoit des maiſons & des arbres, ſe trouve dans une poſition verticale. On ſe doute bien que de ces maiſons, il n'en reſte pas veſtiges; mais les arbres ont peu ſouffert. Au moment ou ſe forma cette fente, & ou la montagne ſe détacha, toutes les maiſons qui étoient placées immediatement au deſſus ſe precipiterent perpendiculairement, a plus de trois cent pieds de profondeur, & de leurs débris elles remplirent le fond de cette ouverture. Cependant les habitans ne périrent pas tous; la diference de gravité fit arriver

en

(1) Nulle part je n'ai vû de plus grands oliviers; ils reſſemblent a des arbres de haute futaie, plantés en quinconce; ils forment des bois ſuperbes, auſſi ſombres & auſſi couverts que les foreſts de cheſnes. On notoye, & l'on bât le terrein au pied de chaque arbre, pour y former une eſpece d'haïrre circulaire, dans la quelle tombent les olives. La quantité en eſt ſi grande, qu'on les receuille avec des balays.

en bas les materiaux avant les hommes, de maniere que plufieurs de ceux ci éviterent d'être enterrés ou écrafés par les ruines. Quelques uns tomberent droits fur leurs pieds, & marcherent dans l'inftant & folidement fur ces monceaux de débris. Quelques autres furent enterrés jufqu'aux cuiffes ou a la poitrine, & fe dégagerent enfuite avec un peu de fecours. Une troifieme partie de la Ville, en s'écroulant, remplit de fes ruines un petit vallon, qui étoit a peu pres dans le centre & ou il y avoit une fontaine & des jardins. Jamais terrein n'a éprouvé un boulverfement plus grand que celui ou étoit cette malheureufe Ville; jamais, il n'y a eu deftruction, avec des circonftances plus fingulieres & plus variées. On ne reconnoit plus la pofition d'aucune maifon; la face du fol a abfolument changé, & il eft impoffible de deviner, par les débris qui en exiftent, ce qu'étoit anciennement cette Ville. Le terrein a manqué partout, tout a été boulverfé. Ce qui étoit haut s'eft abaiffé; ce qui étoit bas paroit s'être élevé, a raifon de l'affaiffement de ce qui l'environnoit. Car il n'y a point eu de foulêvement réel, comme quelques uns l'ont prétendus. Un puits revêtu en pierres maçonnées, dans le couvent des Auguftains, paroit être forti de terre, & reffemble maintenant a une petite tour, de huit a neuf pieds de hauteur, un peu inclinée. Cet effet s'eft produit par l'affaiffement du terrein fabloneux dans lequel le puits étoit creufé.

Les éboulemens de la Ville, ceux des coteaux opofés ont fermé le paffage aux eaux de la petite riviere foli d'un coté, & a ceux d'une fontaine abondante, qui couloit dans le fond de la gorge opofée,

& ont

& ont formé ainfi deux lacs , dont les eaux ſtagnantes portent d'autant plus d'infeċtion , qu'elles contiennent des cadavres & des débris de toutes eſpeces (1).

Dans tous les environs, ſur le bord des vallons, il y a eu des éboulemens confiderables . Toute la plaine , qui eſt au deſſus de la Ville , eſt traverſée par un grand nombre de fentes , & de crevaſſes. Il faut aller a une aſſez grande diſtance , pour trouver un emplacement ou l'on puiſſe établir la nouvelle Ville , ou plutôt le petit hamau, que pourra former le reſte, peu nombreux , de cette malheureuſe population (2) .

Une plantation confiderable d'oliviers , apartenante aux Celeſtins , de niveau avec la Ville , & faiſant continuité du même plateau , a ſouffert de très grandes dégradations . Une partie a été renverſée dans la gorge, ou coule le fleuve Soli, & les arbres, dont quelques uns n'ont pas été deracinés par la chute , ont pris des poſitions ſingulieres ou ils conti-

D           nuent

(1) Si la nature , ou l'art ne deſſechent pas ees lacs, ils achéveront , par leur exhailaiſons infeċtes , la deſtruċtion du petit nombre d'habitans , qui ont ſurvécu a la reunion d'autant de cauſes de mortalité. L'air eſt maintenant ſi épais, ſi infeċt & ſi humide , que dans le mois de Fevrier , il y avoit autant d'inſeċtes & de moucherons , qu'on en trouve pendant l'été ſur le bord des eaux ſtagnantes .

(2) L'ancienne population de TERRA NOVA étoit de deux mille ames . Elle eſt reduite a moins de quatre cent; un peu plus de 1400. ont été enterrés & écraſés ſous les ruines, & le reſte a été enlevé par les fievres putrides. Ce petit nombre d'infortunés ont établi leurs baraques dans une plaine , a un demi mille au deſſus de l'ancienne Ville; le ſol humide & peu ſolide ne leur permettra pas d'y bâtir des maiſons .

nuent a pouſſer. Une autre partie du ſol s'eſt abaiſ-
ſée de pluſieurs toiſes ; tout le reſte paroit ménacer
ruine par la quantité des fiſſures & crevaſſes qui
le traverſent ; & dans une étendüe de plus d'un
mille, il n'y a pas un pouce de terrein qu'on puiſſe
regarder comme ferme & ſolide (1).

Le village de Moluquello, ou Moloquiello
étoit ſitué en face de Terra nova & au même niveau, ſur une petite platteforme d'un mille de long
& de deux cent pas de large, reſſerrée entre les rivieres soli & maro, qui couloient a ſes pieds dans
de profonds vallons. Une partie du village s'eſt pré-
cipitée a droite, l'autre a gauche, & il ne reſte plus
du ſol, ou il étoit ſitué, qu'une arête, ou dos-d'aſ-
ne, ſi aigue, qu'on ne pourroit pas y marcher.

Radicina, joli bourg ſitué en plaine, a quelque diſtance des gorges, a été entierement raſé, a la
reſerve d'un petite maiſon quarée, a un étage, placée dans le centre du bourg, qui eſt reſtée ſur pied,
& qui n'a même preſque point ſouffert, ſans que j'ai
pu en deviner la cauſe.                              Je

(1) J'ai logé a Terra nova dans le baraque des Celeſtins,
dont un ſeul a échapé ; elle eſt au milieu de leur plantation
d'oliviers. J'avois vu la veille, combien le terrein étoit peu ſolide ; j'avois la tête pleine de tout ce que j'avois obſervé ; mon
imagination me peignoit les malheurs de cette Ville, au moment
de la ſecouſſe ; lorſque je ſentis mon lit agité, par un tremblement de terre aſſez fort. je me levai précipitamment & avec inquietude ; mais lorſque je vis que tout le monde étoit dans le ſi-
lence, je jugeai que cette ſecouſſe quoique très forte, n'étoit
comparable en rien, a celles qui avoient ébranlé la Calabre,
dans d'autres circonſtances ; puiſqu'elle n'occaſionoit par la moindre crainte, a ceux qui logoient dans la même baraque. Je
me remis ſur mon lit, & on peut croire que je n'y dormis pas le
reſte de la nuit.

Je ne parlerai pas de tous les petits villlages, dont on rencontre les ruines, a chaque pas que l'on fait, par ce qu'elles ne prefentent rien d'intereffant.

Opido, Ville Epifcopale, affez confiderable, étoit placée fur le fommet d'une montagne ifolée, ou plutôt fur un plateau, au niveau des plaines d'alentour, dont il paroit qu'il faifoit anciennement partie, mais dont les eaux l'ont abfolument détaché, en formant tout au tour des gorges profondes. L'acces de la Ville étoit très difficile a caufe des pentes rapides & des efcarpemens qui l'entourroient. Cependant fur ces mêmes pentes & efcarpemens, fe font établis des arbres & des arbriffeaux, qui enveloppent la montagne d'une ceinture de bois dont les racines entrecroifées donnent une efpece de folidité a ce maffif, qui par lui même n'en a aucune : car il n'eft compofé que de fable, d'argille, & de fragmens de corps marins ; le tout femblable a ce qui forme l'interieur des coteaux opofés.

La Ville a été entierement rafée ; il n'y eft pas refté fur pied un feul pan de mur. Une portion de l'extremité du plateau, fur la quelle étoit fitué un chateau fort, efpece de Citadelle avec quatre baftions, s'eft écroulée & a entrainé avec elle, dans la gorge inferieure, deux baftions. C'eft le feul éboulement que la montagne ait éprouvé ; le refte s'eft confervé dans fon entier, malgré fes efcarpemens, foutenu vraifemblablement par la ceinture de bois & de brouiffailles qui l'environne (1).

D 2          Si

(1) Qui pourroit croire que les habitans d'opido, après la deftruction de leur Ville, & après les defaftres de toute efpece,
qu'ils

Si le fol d'opido refifta en partie a la violence des fecouffes, il n'en fut pas de même des rives opofées; les éboulemens y furent immenfes. La chute des terres & des portions confiderables de coteaux, remplit les vallées & forma les lacs, dont la Ville eft maintenant entourée. Ces lacs, qui contournent la montagne, fe rempliront peu-a-peu par les fables que les torrens y entrainent, & par les débris des terreins fuperieurs (1). Il y en a deja un, qui a été comblé naturellement de cette maniere.

Ce qu'ils y ont eprouvé, fuffent encore affectionés a ce fol malheureux. Le gouvernement a defigné un nouvel emplacement, pour bâtir la nouvelle Ville. Il a choifi une plaine nommée la TUBE a une lieue de diftance de l'ancienne. La plupart des habitans refufent d'aller s'y établir. Ils prétendent, qu'il y a une efpece de tirannie, a vouloir les éloigner de leur anciennes demeures, pour les forcer a habiter une plaine humide, & mal faine, ou il n'y a point de materiaux pour bâtir. Ils difent, en faveur de leur plateau ifolé, qu'il a prouvé fa folidité, en réfiftant aux plus violentes fecouffes, fans avoir une feule gerfure; que les pierres, & quelques charpentes des maifons détruites, leur ferviront pour en bâtir d'autres; que l'air eft très bon; qu'ils font plus a portée de leurs poffeffions, & que tous ces avantages réunis compenfent l'inconvenient de n'avoir point d'eau fur le plateau; ils pretendent, qu'etant accoutumés a aller la chercher dans le fond des vallées, ce n'eft plus une peine pour eux. Il y a donc eu fchifme dans les reftes de cette population; une partie a fuivi les indications du gouvernement, & eft allée a la TUBE; l'autre eft demeurée fur les ruines d'OPIDO. J'en fus entouré, lorfque je fus les vifiter. On paroiffoit avoir oublié les malheurs occafionés par le tremblement de terre, pour ne penfer qu'a la vexation qu'ils pretendoient leur être faite. Ils fe plaignoient furtout amérement, de ce qu'on les avoit privé d'une meffe, qui fe difoit dans une baraque deftinée a cet objet des le commencement de leurs defaftres.

(1) Avant d'arriver a la montagne d'opido, je ne concevois pas, comment je pourrois en approcher; j'en étois féparé par

l'empla-

Ce n'eſt pas encore auprès de la Ville que ſe
ſont faits les plus grands boulverſements , mais a un
& deux milles de diſtance , dans les vallées profondes formées par les rivieres TRICUCIO , BIRBO & Bo-
SCAÏNO . Là , ſe rencontrent tous les accidens que j'ai
annoncé dans le commencement de ce memoire .
Ici le ſable & l'argille ont coulé a la maniere des
torrens de lave , ou comme s'ils étoient délayés par
l'eau . Ailleurs des portions conſiderables de montagnes ont marché , pendant pluſieurs milles , en de-
ſcendant dans les vallées , ſans ſe détruire & ſans
changer de forme . Des champs entiers couverts de
vignes & d'oliviers , ſe ſont précipités , dans les
fonds , ſans perdre la poſition horiſontale de leur
ſurface ; d'autres ſont reſtés inclinés ; quelques uns
ſe ſont placés verticalement &c. La chute des eſcarpemens opoſés & leur rencontre ont formé des di-
gues de pluſieurs milles d'épaiſſeur ; elles ont fermé
le paſſage des eaux & produit pluſieurs grands lacs
que le gouvernement travaille a deſſecher . Il faut
pour cela ouvrir des Canaux très profonds & de
trois & quatre milles de longueur au milieu des
éboulemens ; ce qui demande beaucoup de tems &

D 3

d'ar-

l'emplacement du lac qui a été comblé . Ce baſſin , rempli d'un
ſable fin , ſur le quel l'eau de la rivierre coule , paroit un vaſte
goufre de boüe , que l'œil ne conſidére pas ſans frayeur , & qui a
cent pas de large . Mon guide me dit , qu'il falloit le traverſer ,
pour aller a l'ancienne Ville . J'hazardai avec crainte quelques
pas , mais raſſuré par les premiers eſſais , & trouvant de la
ſolidité dans ce qui ne me paroiſſoit qu'une vaſe griſe & molle ,
je traverſai ce lac de ſable , ayant de l'eau juſqu'au genoux & je
pris un petit ſentier tortueux , qui me fit gravir , au milieu des
brouſſailles , un eſcarpement que je jugeois inacceſſible .

d'argent, que l'on auroit pû epargner, fi on avoit confideré, que la nature, en peu d'années, comblera elle même ces lacs, comme elle a fait de plufieurs autres ; que l'infection de l'air étoit moins a craindre dans les lieux eloignés comme ceux là des habitations, & que ces mêmes dépenfes auroient été mieux employées dans les environs de TERRA NOVA, ou dans d'autres parties de la Calabre.

Au deffous d'OPIDO, a trois milles de diftance, étoit le petit de village de CASTELLACE bâti au bord d'un efcarpement, qui fe détacha pour fe précipiter dans le fond de la vallée. Les ruines de quelques maifons reftées fur le haut de la montagne font les feuls indices de fa pofition & de fon exiftence. Le village de COSSOLETTO a éprouvé un fort prefque femblable.

La Ville de fanta CRISTINA, fituée prefque au pied de la grande montagne d'ASPRAMONTE, & placée fur une montagne fabloneufe, efcarpée, environnée de gorges & de vallées profondes, s'eft trouvée dans des circonftances prefque pareilles a celles de TERRA NOVA, & a éprouvé un même genre de deftruction. Les maifons avec une partie de la montagne fe font précipitées du haut en bas. Un grand nombre de fentes & de crevaffes a traverfé le corps de la montagne dans toute fon épaifseur, de maniere a faire craindre que le refte ne s'abimat encore. Toute la furface du terrein a changé de forme. Le territoire de fanta CRISTINA, coupé également par un grand nombre de gorges & de vallées accompagnées d'efcarpemens, a été fujet aux mêmes accidens que celui d'OPIDO.

Les

Les territoires de Terra nova , d'opido & de santa Cristina font ceux ou les tremblemens de terre ont exercé leurs plus grands ravages , & ont produit les effets les plus extraordinaires . Ce qui a fait croire que le foyer des fecoufes du 5. Fevrier étoit fous cette partie de la plaine . Je ne nierai pas que l'ébranlement n'ait été peut-être plus violent là , qu'ailleurs . Mais la nature du terrein , & les gorges dont il eft coupé , ont beaucoup contribué a la deftruction des Villes,& ont facilité tous les boul-verfemens qu'on obferve dans les environs .

En fuivant le contour , que fait la bafe d'As-pramonte , on trouve la petite Ville de Sinopoli & le bourg de fainte Euphemie, batis tous deux au pied de la montagne, également détruits, fans être rafés.

Bagnara Ville afsez confiderable de la cofte , bâtie fur une hauteur , avec un efcarpement vers la mer , a été entierement rasée . Les maifons fe pré-cipiterent les unes fur les autres & on peut a peine reconnoitre ce qu'étoit anciennement la Ville .

Seminara autre Ville de la plage a été détruite, mais non pas mife de niveau avec le fol comme la precedente .

Palma Ville peuplée & commerçante ne pré-fente qu'un monceau de ruines .

Sans étendre plus loin cette nomenclature ; ce que je viens de dire fuffit , pour montrer que les circonftances fingulieres, qui accompagnerent le tremblement de terre, font un effet necefaire d'une violente fecoufse fur un terrein fabloneux , lorf-qu'il eft degradé & ouvert par les eaux . On voit auffi que dans un efpace de dix lieues de long , fur



fix

fix de large , comprise entré le fleuve METRAMO, les montagnes & la mer , il n'eft pas refté un feul édifice entier ; on pourroit même dire , qu'il n'y a pas pierre fur pierre , qu'il n'y a pas un arpent de terre qui n'ait changé de forme ou de pofition , ou qui n'ait fouffert des domages confiderables .

Pendant que la plaine étoit devouée a une deftruction totale , les lieux circonvoifins , bátis fur des hauteurs , & établis fur des bases solides , échaperent a une pareille dévaftation . L'ébranlement fut confiderable ; il y eut beaucoup d'édifices endomagés . Mais fi cette secoufse du 5. Fevrier eut été seule , qu'elle n'eut pas été suivie de toutes celles qui se succedérent pendant fix mois presque sans interruption ; aucune des Villes superieures n'auroit été rendue inhabitable . Il paroifsoit, que la force qui avoit secoué dans tous les sens les terreins bas de la plaine , ne fut pas afsez confiderable pour soulever, un poids plus grand , tel que celui, des montagnes qui en formoient le quadre . ainfi NICOTERA , TROPEA , MONTELEONE , Villes bâties fur la_, montagne du cap Vaticano , ou fur son prolongement, les bourgs & les villages de leur territoire ne souffrirent presque point . Leur ruine étoit reservée a une force majeure , a celle qui ébranla le corps même de ces montagnes le 18. Mars suivant . Le bourg de saint GEORGES , a 4. milles seulement de_, diftance de POLISTENA, comme nous l'avons deja dit, mais placé fur la montagne , fut pour lors peu endomagé . Les bourgs & les villages fitués fur la_, croupe de la montagne qui fait face a Meffine , & la petite ville de SCILLA elle même , n'éprouverent

pas

pas une deſtruction totale . Sur toutes ces montagnes , les secouſses ne furent ni auſſi violentes , ni auſſi inſtantanées ; les mouvemens n'en furent ni auſſi prompts , ni auſſi irreguliers ; il n'y eut pas les mêmes soubreſauts .

Regio , & les lieux circonvoiſins , furent rendus inhabitables , mais non point rasés . Ce ne fut même pas cette premiere secouſse qui les endomageat le plus .

Sur le revers des Apenins , dans la partie de l'Eſt , le tremblement de terre du 5. Fevrier fut vivement reſſenti , toutes les Villes souffrirent plus ou moins , quelques planchers tomberent , les clochers & pluſieurs Egliſes s'écroulerent , les maiſons furent lezardées , mais tres peu furent totalement renverſées . Peu de perſonnes y perirent .

Partout ailleurs que dans la PLAINE , le tremblement de terre fut précédé de quelques legéres oſcillations & d'un bruit ſouterrain , que tous conviennent avoir entendu venir de la partie du Sud Oueſt .

Les tremblemens de terre qui ſuivirent la fatale époque du 5. Fevrier , quoique vivement reſſentis dans la plaine , n'y apporterent plus aucuns domages . Il ne reſtoit plus aucune maiſon a abattre . Le terrein s'étoit conſolidé , en prenant des talus & une denſité operée par le taſsement . Toutes les pentes avoient étendu leurs baſes . Ce fut donc envain que la terre continua a ſe mouvoir dans cette malheureuſe contrée ; elle ne prit plus de part aux ſuites de cette funeſte tragedie .

La ſecouſse , qui arriva pendant la nuit du 5.
Fevrier,

Fevrier, augmenta les domages de Messine, de Regio, & des Villes, qui avoient deja été ebranlées
par le premier tremblement de terre. Elle fut fatale aux habitans de Scilla par la chute d'une portion confiderable de la montagne dans la mer;ce qui
fit soulever les eaux & leur donna une fluctuation
violente, Les flots se briserent avec force contre la
plage & la partie basse de la Ville, ou s'étoit refu-
gié le Prince de Sinopoli seigneur du lieu, accompagné de tous ses gens & de beaucoup d'habitans ;
ils chevaucherent sur le rivage, & en se retirant en-
trainerent avec eux tous ceux qui y étoient (1).

Le tremblement de terre du 1. Fevrier a une
heure & demie apres midi, fut très violent ; mais
il n'exerça pas ses plus grands efforts dans les mêmes lieux que le premier; il sembla que le foyer ou
le centre de l'explosion fut monté 6. ou 7. lieues
plus haut vers le Nord, pour venir se placer sous
le territoire de Soriano & de Pizzoni. Ce tremblement de terre opera la destruction du bourg de Soriano & des villages dépendants, d'un grand Couvent de Benedictins très solidement construit apres
les tremblemens de terre de 1659., de la chartreu-
se ditte de saint Bruno ou san Stephano del Bosco ;
tous lieux qui avoient été respectés par la premiere
secous-

______

(1) Cette circonstance du tremblement de terre, arrivé le
5. Fevrier pendant la nuit, est celle, qui a été plus diversement
raccontée, qui a occafioné le plus de commentaires, & a qui on
a joint les plus faux details. Il est certain que la vague entraina
plus de douze cent personnes refugiées sur le rivage, du nombre
desquels étoit le Comte de Sinopoli. Mais que l'eau fut chau-
de, que le fond de la mer fut brulant ! Ce font des particularités qui ne font ni vraies, ni vraifemblables.

secoufse . Il acheva de renverser Laureana , Gala-
tro , Arena & autres pays circonvoifins . Il fit de
Miletto un monceau de ruines, & opera une dévaftation complette dans un contours de deux ou
trois lieues de diametre .

Les territoires de Soriano , d'Arena & de So-
retto dont le terrein étoit sabloneux, & ouvert
par des ravins , éprouverent auffi beaucoup de de-
placements de terre & d'éboulemens . Le mélange
de sable , d'argille , & de granit décomposé , qui
conftitue les coteaux, au dessous de la Ville de Miletto, s'éboula en plufieurs endroits, & eut l'air de
couler a la maniere des laves .

Il eft a remarquer , que ce tremblement de
terre , du 7. Fevrier , fut principalement ressenti a
Messine , & Soriano , lieux fort diftants l'un de
l'autre ; pendant qu'il fut infiniment moins fort ,
dans tout le pays intermédiaire , ou on entendit
pourtant un bruit confiderable .

Le 28. Mars fut un autre époque fatale , qui
porta la ruine & la désolation , dans les pays qui
étoient deja rassurés sur le danger des tremblemens
de terre , & qui n'ayant reçus presque aucun do-
mage des premieres secousses, se croyoient hors des
limites de ce terrible fleau . le centre de l'explofion
changea une troifieme fois . Il remonta , encore
vers le Nord, a 7. ou 8. lieues plus haut . Il vint
se placer sous les montagnes, qui occupent l'ifthme
qui unit la partie superieure de cette Province a
l'inferieure , entre le golphe de sainte Euphemie &
celui de Squilace . Les soubresauts les plus violens,
indices du lieu sous lequel s'exercoient les plus

grands

grands efforts , se firent principalement ressentir sous les montagnes de GIRAFALCO , a peu-près au centre de l'étranglement . Dans cette circonſtance , la nature déploya une plus grande force , qu'elle n'avoit fait dans les secousses précédentes ; elle souleva , & ébranla le corps même des montagnes , qui couvrent tout l'espace ou ce tremblement de terre exercea ses ravages . Auſſi la propagation de son mouvement s'étendit beaucoup plus loin . La CALABRE CITERIEURE ressentit ses effets , & éprouva quelques domages . Toutes les Provinces du Royaume de Naples en eurent le ressentiment . Il ravagea indiſtinctement les deux côtés de la chaine , les lieux élevés , ceux inferieurs ; & rien ne parut a l'abri de ses atteintes . En tirant deux diagonales , l'une du cap VATICANO , au cap COLONNE ; l'autre du cap SUVERO , au cap de STILLO ; on aura entre ces quatres points , l'étendue sous la quelle l'ébranlement fut terrible & la deſtruction la plus grande; & le point d'intersection des deux lignes sera a peu-pres celui du centre de l'exploſion (1) .

Ce tremblement de terre fut précédé d'un bruit souterrain très fort , semblable au tonnere , qui se renouvella a chaque secousse . Les mouvemens furent très compliqués ; les uns agirent de bas en haut , ou par soubresauts ; ensuite vinrent des tournoyemens violens , auxquels succederent des ondulations .

Il eſt inutile de donner la nomenclature de toutes les Villes & bourgs , qui reçurent des domages

----

(1) Je le repette , je né me ſers du mot *centre de l'exploſion* , que pour exprimer un effet , & non pour indiquer une cauſe .

ges confiderables dans cette occafion . Il suffit de
dire que toute la partie superieure de cette Province soufrit beaucoup , que plufieurs Villes furent ,
ou presque renversées, ou rendues absolument inhabitables . Mais malgré la violence de l'agitation du
28. Mars , les malheurs de ces contrées ne sont pas
comparables , a ceux de la PLAINE , a l'époque du
5. Fevrier . Ici il n'y eut point de Villes rasées par
les fondemens ; la ruine de plufieurs qui etoient
trés mal bàties , telle que le PIZZO , avoit été pre-
parée par les secousses précédentes ; & cependant
leurs masures sont encore pour la plupart sur pied .
D'ailleurs , les Villes de NICOTERA , TROPEA , MON-
TELEONE , SQUILACE , NICASTRO , CATANZARO , SAN
SEVERINO & COTRONE peuvent être reftaurées . Peu
d'édifices ont été totalement renversés , les autres
ne sont que lezardés . Le bas peuple eft deja rentré
dans l'interieur de ces Villes ; & lorsque les maisons confiderables auront été reduites a un seul étage au dessus du rez de chausé , selon l'ordre du gouvernement, & qu'on les aura un peu reparées, elles
seront habitables . Mais il faudra longtems pour délivrer les esprits de la terreur , qu'ont inspiré les
tremblemens de terre , surtout la secousse du 28.
Mars , avant la quelle , ils étoient presque rassurés ; & pour faire consentir les gens riches a quit-
ter leurs baraques de bois & a venir habiter de nouveau sous des pierres . Comme on juge de tous les
objets par comparaison , le sort de cette partie de
la Calabre Ulterieure touche peu , lorsqu'on a été
temoin des malheurs de la plaine, & lorsqu'on a
parcouru ses ruines .

Le

La difference des effets du tremblement de ter-re du 5. Fevrier & de celui du 28. Mars ne peut avoir pour cause que la nature du terrein . Dans la PLAINE le sol lui même a manqué ; aucun édifice n'y étoit solidement fondé . Les mouvemens étoient d'autant plus irreguliers qu'ils étoient modifiés , en passant a travers un terrein , qui cedoit plus ou moins a la force qui l'ébranloit, & qui la transmet-toit inégalement . Dans les montagnes au contraire, quoique l'agitation des surfaces fut aussi considera-ble , elle étoit moins destructive . Les rochers , sur lesquels reposoient les Villes , leur transmettoient un mouvement plus regulier , par ce qu'ils en étoient meilleurs conducteurs ; le sol après chaque oscillation reprenoit sa premiere position , & les édifices conservoient leur à plomb . Tel un verre plein d'eau qui reçoit de très grandes oscillations sans répandre, & qu'une très petite secousse irregu-liere renverse .

Le tremblement de terre du 28. Mars augmen-ta les desastres de Messine , ou il agit avec beau-coup de forces , il accrut les domages de REGIO & renversa beaucoup de maisons dans la petite Ville de sainte AGATE DE REGIO & lieux ciconvoisins . Il fut cependant très peu ressenti dans la PLAINE qui est intermediaire entre les deux extremités de la Calabre , ou comme je viens de le dire , les secous-ses furent trés violentes . Il sembloit que la force motrice passoit librement & comme dans un canal ouvert sous la plaine , pour aller frapper alter-nativement contre les deux points les plus éloi-gnés .

Les

Les tremblemens de terre continuerent pendant toute l'année 1783. j'en ai reſſenti encore, pluſieurs, dans les mois de Fevrier & de Mars 1784. Mais aucune des ſecouſſes ne peut ſe comparer aux trois qui forment époque, ni même a celles qui les ſuivirent immediatement ; aucune ne fut ſuivie d'accidens dignes d'être cités.

La mer pendant les tremblemens de terre de, 1783. eut peu de part a l'ébranlement du Continent. La maſſe des eaux n'eut point de mouvement général de fluctuation ou d'oſcillation. Elles ne s'éleverent pas au deſſus de leur limites ordinaires. Les flots qui la nuit du 5. Fevrier, vinrent frapper contre le rivage de Scilla, & qui enſuite, furent couvrir la pointe du Phar de Meſſine, ne furent que les effets d'une cauſe particuliere. La, chute d'une montagne dans la mer, comme je l'ai déja dit, ſouleva les eaux, qui reçurent un mouvement d'ondulation, tel qu'il ſuccede toujours dans pareilles circonſtances. Le rivage fut couvert a, trois differentes repriſes ; tout ce qui étoit deſſus fut entrainé par le retour de la vague. L'ondulation s'étendit depuis la pointe de la Sicile juſqu'au dela du cap de Rosacolmo, en prolongeant la coſte qui court au Sud, mais en s'y élevant toujours graduellement moins haut qu'a Scilla. Ce ſoulévement des flots ſuivit immediatement la chute de la montagne. Si c'eut été un mouvement général dans la maſſe des eaux, ſi ces vagues euſſent eu une même cauſe que celle qui vint fondre ſur cadix lors du tremblement de terre de Lisbonne ; elles auroient eu une marche differente & auroient étendu

du leurs effets beaucoup plus loin . On auroit reſſenti a Meſſine une violente fluctuation, ſi la mer eut
partagé l'ébranlement de la terre . Le mole qui eſt
a fleur d'eau , & aupres du quel ſont liés les vaiſſeaux dont la proüe avance au deſſus , auroit été
couvert & les vaiſſeaux portés par les flots auroient
échoué . On aurroit éprouvé le même effet dans
le golphe de Palma , qui eſt au deſſus de Scilla ,
on l'auroit refsenti ſur la plage de Tropea ; mais
nulle part ſur toute cette côte , la mer ne s'éleva
au deſſus de ſes bords . Ce qui prouve encore
mieux que l'inondation de Scilla n'eſt qu'un acci-
dent particulier , dépendant de la cauſe que j'ai cité , c'eſt que derriere le rivage contre lequel les
eaux monterent avec tant de violence , il y a une
petite anſe dans la quelle la mer ne s'éleva point,
par ce qu'elle n'étoit pas dans la direction de l'ondulation .

Quelques queſtions que j'aye pû faire , je n'ai
pû trouver dans tous les détails qu'on ma donné ,
aucun indice des phénoménes d'électricité rapportés
dans differentes relations , aucune étincelle , aucun
dégagement de fluide électrique , que les phyſiciens
Napolitains veulent abſolument être la cauſe de ces
tremblemens de terre .

L'état de l'athmoſphére ne fut par le même dans
toute l'étendue du déſaſtre . Pendant que les tempêtes & la pluïe parroiſſoient avoir conjuré, conjoin-
tement avec les tremblemens de terre , la perte de
Meſſine ; l'interieur de la Calabre jouiſſoit d'un_
aſſez beau tems . Il y eut un peu de pluïe dans la
Plaine le matin du jour funeſte ; mais le tems fut

ſerein

ferein le refte de la journée . Les mois de Fevrier & de Mars furent affez beaux & même chauds . Il y eut quelques orages & de la pluïe , mais qui n'étoient pas étrangers a la faifon . Le beau tems , qui régna apres la cataftrophe du 5. Fevrier , fut même un bien grand avantage pour l'interieur de la Calabre , fans cela les reftes malheureux de la population , fans abris , fans moyens de s'en procurer de longtems , par la difette des planches & des ouvriers , feroient morts de mifere & d'intemperie . Le 28. Mars , dans la partie fuperieure de la Calabre , le tems ne fut pas mauvais & le tremblement de terre ne fut fuivi d'aucun orage , il y eut feulement un peu de pluïe . Il s'enfuit de cette remarque , que l'état de l'athmofphere n'eft pas auffi étroitement lié avec les mouvemens interieurs de la terre qu'on n'a cefsé de le dire , & il fe pourroit bien que les tempêtes, que l'on efsuya dans le canal de Meffine & fur quelques endroits de la cofte,n'euffent pas la même caufe que les tremblemens de terre .

Qu'il me foit maintenannt permis , de chercher dans les feuls faits , la caufe des tremblements de terre de la Calabre ; & mettant de côté tout fyftême , de voir ce qui a pù donner lieu a la deftruction prefque générale de cette province .

La force motrice paroit avoir refidé fous la Calabre elle même , puifque la mer qui l'environne n'a point eu part a l'ofcillation ou balancement du Continent . Cette force paroit encore s'être avancé progreffivement le long de la chaine des Apenins,en la remontant du Sud au Nord . Mais

E

quel-

quelle est dans la nature la puissance capable de produire de pareils effets ? J'exclue l'électricité , qui ne peut pas s'accumuler, constament pendant un an de suite , dans un païs environné d'eau , ou tout concourt a mettre ce fluide en équilibre . Il me reste le feu . Cet élément , en agissant directement sur les solides , ne fait que les dilater , & alors leur expansion est progressive & ne peut pas produire des mouvemens violents & instantanés . Lorsque le feu agit sur les fluides comme l'air & l'eau , il leur donne une expansion étonnante , & nous savons que pour lors leur force d'élasticité est capable de surmonter les plus grandes resistances . Ils paroissent les seuls moyens que la nature ait pû employer pour produire de pareils effets . Mais dans toute la Calabre , il n'y a pas vestiges de volcans . Rien, n'annonce ni inflamation interieure , ni feu recelé dans le centre des montagnes ou sous leur base, feu qui ne pourroit exister sans quelques signes exterieurs . Les vapeurs dilatées , l'air rarefié par une chaleur toujours active se feroient échapées , a travers quelques unes des crevasses & des fentes qui se font formées dans le sol, elles y auroient produit des courans . La flame & la fumée feroient également sorties par quelques uns de ces especes d'évents . Une fois les passages ouverts , la compression auroit cessé , la force n'éprouvant plus de resistance seroit devenue sans effet, & les tremblemens de terre n'auroient pas continué aussi longtems ; aucun de ces phénoménes n'a eu lieu , il faut donc renoncer a la supposition d'une inflamation qui agiroit directement sous la Calabre . Voyons si en ayant recours a

un

un feu étranger a cette province & n'agiſſant ſur elle que comme cauſe occaſionelle, nous pourrons expliquer tous les phénoménes qui ont accompagné les ſecouſſes. Prenons par exemple l'ethna en Sicile & ſuppoſons de grandes cavités ſous les montagnes de la Calabre; ſuppoſition qui ne peut m'être refuſée. Il n'eſt pas douteux qu'il n'y ait d'immenſes cavités ſouterraines, puiſque le mont ethna a du en s'élevant par l'accumulation de ſes exploſions, laiſſer dans l'interieur de la terre des vuides relatifs a ſa grande maſſe.

L'automne de 1782. & l'hyver de 1783. ont été fort pluvieux. Les eaux interieures augmentées de celles de la ſurface ont pû couler dans les foyers de l'ethna; elles ont dû alors être réduites en vapeurs très expanſibles, & frapper contre tout ce qui faiſoit obſtacle a leur dilatation. Si elles ont trouvé des canaux qui les ayent conduit dans les cavités de la Calabre, elles ont pû y occaſionner tous les deſordres dont je viens de tracer le tableau.

Suppoſons maintenant pour me faire entendre plus aiſément, que ces cavités, avec leur canaux de communication, repreſentent imparfaitement une cornue, miſe ſur le côté, dont le col ſoit le long de la coſte de Sicile, la courbure ſous Meſſine & le ventre ſous la Calabre. Les vapeurs arrivant avec impetuoſité & chaſſant devant elles l'air qui occupe déja ces cavités doivent d'abord frapper contre l'épaule de la cornue, & enſuite tourner pour s'engouffrer dans ſa capacité. La force d'impulſion agira d'abord directement contre le

E 2

fond

fond de la voute & enfuite , par réflexion , contre
la partie fuperieure , d'ou elle fera renvoyée & re-
fléchie de tous côtés , de maniere a produire les
mouvemens les plus compliqués & les plus fingu-
liers . Les parties les plus minces de la cornue fe-
ront celles qui frémiront le plus aifément fous le
choc des vapeurs & qui cederont le plus facilement
a leurs efforts. Mais cette eau raréfiée par le feu doit
fe condenfer par le froid , qui régne dans ces fouterrains , & l'action de fon élafticité accidentelle
ceffe auffi promptement , que le premier effort a
été inftantané & violent . L'ébranlement des furfaces exterieures finit fubitement , fans qu'on fache ce
qu'eft devenue la force qui a fait tant de fracas. Elle ne fe ranime que lorfque le feu a pris de nouveau affez d'activité pour produire fubitement d'autres vapeurs , & le même effet fe renouvelle auffi
longtems & auffi fouvent que l'eau tombe fur le
foyer embrafé .

Mais fi la premiere cavité n'eft divifée d'une cavité de même efpece, que par un mur ou un retran-
chement affez mince, & que cette féparation fe rom-
pe par l'effort des vapeurs élaftiques qui frappent
contre elle , alors l'ancienne cavité ne fervira plus
que de canal de communication, & toutes les forces
agiront contre le fond & les parois de la feconde .
Le foyer de fecouffes paroîtra avoir changé de place,
& l'ébranlement fera foible dans l'efpace qui aura
été agité le plus violemment par les premiers tremblemens de terre .

Raprochons ces phénoménes neceffaires , dans
la fupofition d'une ou plufieurs cavités placées fous
la

la Calabre , des phénoménes arrivés pendant les tremblemens de terre . La plaine qui étoit furement la partie la plus mince de la voute eft celle qui a cedé le plus aifément . La Ville de Meſſine , bâtie fur une plage baſse , a reçu un ébranlement que n'ont point reſſenti les édifices bâtis fur les hauteurs. La force mouvante ceſſoit auſſi fubitement, qu'elle agiſſoit violemment & tout-a-coup . Lorſqu'aux époques du 7.Fevrier & du 28.Mars, le foyer parut changé , la PLAINE ne fouffrit prefque point . Le bruit fouterrain , qui précéda & accompagna les fecouſſes , parut toujours venir du Sud-Oueft dans la direction de Meſſine . Il étoit femblable a un tonnere fouterrain qui auroit retenti fous des voutes. Ainfi fans avoir de preuves directes a donner de ma theorie , elle me paroit convenir a toutes les circonftances,& elle explique fimplement & naturellement tous les phénoménes .

Si donc l'ethna a été , comme je viens de le dire , la caufe occaſionelle des tremblemens de terre , je puis dire auſſi qu'il préparoit depuis quelque tems les malheurs de la Calabre , en ouvrant peu-a-peu un paſſage , le long de la cofte de Sicile, aux pieds des monts Neptuniens . Car pendant les tremblemens de terre de 1780 , qui inquieterent Meſſine pendant tout l'été , on éprouva tout le long de cette cofte, depuis Taormina jufqu'a Phar des fecouſſes aſſez fortes . Mais aupres du village d'ALLI & aupres du FIUME DI NISI , qui fe trouvent a peu pres au milieu de cette ligne , on reſſentit des foubrefauts aſſez violents pour faire craindre qu'il ne s'y ouvrit une bouche de volcan . Chaque fecouſſe

refsemreſembloit a l'effort d'une mine qui n'auroit pas eu la force de faire exploſion. Il ſemble que pour lors le volcan s'ouvrit un libre paſſage pour l'expanſion de ſes vapeurs, & qu'elles y ayent depuis circulé librement, puiſque pendant 1783, l'ébranlement a été preſque nul, ſur cette partie de la coſte de Sicile dans le même tems, que Meſſine enſeveliſſoit ſous ſes ruines une partie de ſes habitans.



*F I N.*